农业栽培与畜牧养殖技术

张华英 刘 莹 高亚静 著

汕头大学出版社

图书在版编目（CIP）数据

农业栽培与畜牧养殖技术 / 张华英，刘莹，高亚静
著 . -- 汕头 ： 汕头大学出版社，2023.12
ISBN 978-7-5658-5208-4

Ⅰ . ①农… Ⅱ . ①张… ②刘… ③高… Ⅲ . ①栽培技
术②畜禽－饲养管理 Ⅳ . ① S31 ② S815

中国国家版本馆 CIP 数据核字（2024）第 038768 号

农业栽培与畜牧养殖技术
NONGYE ZAIPEI YU XUMU YANGZHI JISHU

作　　者：张华英　刘　莹　高亚静
责任编辑：邹　峰
责任技编：黄东生
封面设计：周书宁
出版发行：汕头大学出版社
　　　　　广东省汕头市大学路 243 号汕头大学校园内　邮政编码：515063
电　　话：0754-82904613
印　　刷：廊坊市海涛印刷有限公司
开　　本：710mm×1000mm 1/16
印　　张：11.75
字　　数：200 千字
版　　次：2023 年 12 月第 1 版
印　　次：2024 年 4 月第 1 次印刷
定　　价：59.00 元
ISBN 978-7-5658-5208-4

前言 PREFACE

　　作为基础产业，农业被认为是直接利用自然资源进行生产，农业经济的可持续发展具有重要意义。近些年来，我国农业经济取得了稳步发展，农业栽培技术需要不断地应用和推广，充分发挥其自身的作用。农技推广是农业科技成果转化为相应生产力的重要保障，可以促进农业现代化，增加农业总产值和农业收入，使农民生活水平得到提高。农业科技只有更好地运用于实践，才能促进农业的快速发展。随着人民生活水平的提高，对农产品质量的要求也越来越高。

　　当前，作物发生病虫害的概率越来越高，对作物的生长状况构成了极大的威胁。对于这个问题，单纯依靠农药来防治不现实，而且效果也不好。由于我国地处亚热带季风气候区，病虫害种类繁多，防治难度较大。病虫害综合防治的核心是"绿色、健康、可持续"，即注重农业、生物、物理防治的技术，科学合理使用化学防治。人们对农产品的质量越来越重视，为了减少病虫害造成的损失，必须综合运用病虫害防治措施。在科学技术和生产力迅速发展的今天，人们对病虫害的综合防治又有了新的认识和要求，即从作物的耕作规律、生长规律、生长外部环境等多方面因素考虑，使作物能够安全地生长。

　　随着时代的进步，现代科技水平不断提高，畜牧养殖产业发展过程中，作为新型农业技术的生态养殖技术与生态环保养殖理念保持一致，有显著的经济效益而且市场价值高，所以广泛应用于农业与畜牧养殖产业发展过程中。在畜牧养殖产业发展过程中，禽病防治至关重要。因此，我国禽病防治也要按照国家经济总体战略目标的要求，保证全国养禽业的持续稳步发展，使养禽业的经济效益、生态效益和社会效益都得到较大的提高，满足人民生活的需求。

　　本书基于以上观点，对农业栽培与畜牧养殖技术进行分析，由于作者水平有限，书中难免出现不妥之处，敬希广大读者朋友积极指正。

目录 CONTENTS

第一章　农业栽培技术

第一节　基质栽培技术

一、基质栽培

（一）无土栽培与基质栽培

无土栽培技术是指不用天然土壤，采用基质或营养液进行灌溉与栽培的方法，可以有效利用非耕地，人为控制和调整植物所需要的营养元素，发挥最大的生产潜能，并解决土壤长期同科连作后带来的次生盐渍化问题，是避免连作障碍的一种稳固技术。

无土栽培可以分为无固体基质栽培和固体基质栽培，其中无固体基质栽培是指将植物根系直接浸润在营养液中的栽培方法，主要包括水培和雾培两种。固体基质栽培就是人们通常所指的基质栽培。基质栽培按照基质类型区分，可以分为无机基质栽培、有机基质栽培、复合基质栽培3种。

（二）基质栽培的特点

基质栽培是目前我国无土栽培中推广范围最广的一种方法，是将作物的根系固定在有机或无机的基质中，通过滴灌或微灌方式，供给营养液，能有效解决营养、水分、氧气三者之间的矛盾。

基质栽培的作用和特点如下所示。

1.固定作用

基质栽培的一个很重要的特点是固定作用，能使植物保持直立，防止倾斜，从而控制植物长势，促进根系生长。

2.持水能力

固体基质具有一定的透水性和保水性，不仅可以减少人工管理成本，还可以调节水、气等因子，调节能力由基质颗粒的大小、性质、形状、孔隙度等因素决定。

3.透气性能

植物根系的生长过程需要有充足的氧气供应，良好的固体基质能够协调好空气和水分两者之间的关系，保持足够的透气性。

4.缓冲能力

固体基质的缓冲能力是指可以通过本身的一些理化性质，将有害物质对植物的危害减轻甚至化解，一般把具有物理化学吸收能力、有缓冲作用的固体基质称为活性基质；把无缓冲能力的基质称为惰性基质。基质的缓冲能力体现在维持pH和EC值的稳定性。一般有机质含量高的基质缓冲能力强，有机质含量低的基质缓冲能力弱。

二、基质栽培的优点

（一）克服土壤连作障碍

基质栽培不受土地的限制，虽然需要定期更换基质和配制营养液，但能克服土壤连作障碍，适用范围广。由于植物根系不需要与土壤接触，从而避免了土壤中某些有害微生物的侵害，生长环境接近天然土壤，缓冲能力强，肥料利用率高；同时消毒的基质降低了病虫害的发生率，降低了农药使用量和残余量。在温室大棚中采用基质栽培，克服了温室大棚土传疾病发生严重的问题，能解决土壤同科连作带来的减产问题。

（二）营养充足、成活率高

固体基质不含不利于作物生长发育的有害有毒物质，可以根据作物的特定需求配制营养液，且营养液不循环，可避免病毒传播，因此用基质栽培培育出的作物处于良好的植物根系生长环境，可保障作物所需营养，微量元素丰富，成活率高。对于培育幼苗，在移栽时不会伤害作物根系，也会提高成活率。

（三）节约资金

与雾培、水培等栽培方式相比，基质栽培的设备投资少，大幅度减少了无土栽培设施系统的一次性投资。由于不直接使用营养液，一般情况下可全部取消配制营养液所需的设施设备，降低成本，并且栽培效果良好，性能稳定，是一种节约型的栽培方法。

三、设施农业中基质栽培的常见方式

（一）袋式栽培

将一种或几种按不同比例配制好的基质装入塑料袋中，塑料袋宜选用黑色耐老化不透光薄膜防水布袋，制成筒状或长方形枕头开口栽培袋，平放在地上，在袋表层开栽培小孔，装好滴管装置，栽好苗后把滴管上的滴头插入基质。

（二）立柱式栽培

立柱由盆钵、底盘、支撑管、分液盒、滴箭5个部分组成，立柱使各栽培钵贯穿于一体。一般做法是将基质装入四瓣栽培钵内，每一瓣栽培钵栽种一株作物，营养液通过滴箭从顶部渗透至底盘，再回流至营养液储液池。立柱式柱子一般为石棉水泥管或PVC自制塑料管，内充满基质，在其四周开口，作物定植在孔内的基质上。

（三）控根容器栽培

控根容器又称控根快速育苗容器，其侧壁凹凸相间，里面覆盖一层特殊的薄膜，外壁突出，开有气孔。其特点是：可以调控根系生长，防止根腐病；侧根形状粗而短，能有效克服常规容器育苗带来的根缠绕的缺陷；四季都适合移栽，且移栽时不伤根，苗木成活率达到98%以上，次年便可大量结果，解决果园快速更新换代的技术难题；容器的成本低、使用寿命长，可反复使用。

（四）盆钵式栽培

盆钵多以ABS塑料制成，是阳台农业的主角，可灵活摆设，最大限度地利用光能来增加光合作用，从而提高经济价值。

（五）育苗盘式栽培

采用育苗盘基质栽培方式，可以使苗根部充满营养，移栽时养分不会快速散开，分苗时不伤根，栽后苗根部能迅速正常生长，且群体分布合理。但植物长期置于育苗盘中易干旱，要注意浇水，防止高温烧苗。

四、其他栽培方式

除以上几种栽培方式外，基质栽培还有苗床栽培、模具栽培、槽式栽培、岩棉栽培、苗床–育苗盘栽培等方式。

（一）苗床栽培

苗床是为作物幼苗提供必要生长条件的小块土地，苗床最底下铺盖一层碎石或者破碎木屑，也可在苗床上再铺一层塑料布，塑料布上有许多孔隙，用于排水通气和控制杂草。在废木屑缺乏的地区，可因地制宜选用煤渣、木片等硬质材料。苗床的宽度是根据作物整形修剪方法、施肥、喷灌、病虫害防治方式等综合考虑决定的，苗床上方一般使用价格实惠、良好又透水透气的遮阳网覆盖。苗床铺好底后，施入充分腐熟的秸秆、树叶、麦秸、稻壳等，使苗床富含有机质，大约25厘米厚度，在畦面撒施有机肥，大约5厘米的厚度，随后加入氮磷钾复合肥，充分搅匀，形成土粪混合层。此时的苗床营养丰富，疏松透气，且拔苗时不易伤根，方便管理，费用较低。

苗床须完全与土壤隔离，彻底除草，并在底部安装排水管。苗初期时注意保温防冻，才能早出苗、出齐苗，中期要调节温湿度，防止烧苗、闪苗，后期加强幼苗锻炼，防止徒长，提高幼苗适应性和抗逆性。

（二）模具栽培

模具是指播种容器，可由环保性好的陶土、木质、石质等材料制成，模具内填入的栽培基质可以用芦苇末、玉米秸、菇渣等原料堆置发酵而成，基质一般充满模具的三分之二，以防浇水时溢出。模具栽培外观可人为设计，因此大多具有较高的观赏性，是景观与农业相结合的表现。

（三）槽式栽培

槽式栽培中的栽培槽用水泥或木板根据需要砌成永久或半永久式槽，槽宽为40～95厘米、高度为15～20厘米，也可根据作物特性调整大小形状。槽底铺上一层塑料膜，填入粗炉渣、煤渣等栽培基质，一般可在槽的一端设置一个储液池，另一端设置回收液池，方便排水和回收营养液。

（四）苗床-育苗盘栽培

苗床-育苗盘栽培是指以育苗为主，先全部在苗床上育苗，苗床要杀菌消毒，把基质铺在苗床上，播种，到了苗龄后用育苗盘移栽。该栽培方式是苗床栽培与育苗盘栽培两种栽培方式的结合，综合两者的优点，并且该栽培方式下的根系较单一栽培方式下的根系更发达，生长更健壮，可达到增产、增收的效果，是一种新型的基质栽培方法。

（五）岩棉、砂砾等栽培方式

岩棉栽培是一种以岩棉为基质的新型栽培方式，农用岩棉由60%的玄武岩、20%的焦炭和20%的石灰石经1 600℃高温提炼，基质具有亲水、保水、透水能力强和无毒无菌的优点，适合于工厂大规模生产，是在国际上应用面积较大的无土栽培形式。

砂砾能够很好地通气、保水与排水，是景观、园林、室内栽培很好的基质。选择砂砾时，应选较粗的颗粒，持水不可过多。

珍珠岩栽培适合除禾本科外的其他作物，一般用来进行无性繁殖扦插，不需要使用生根剂，枝条插入基质的1/3～1/2处即可。生根前采用细水浇灌，浇灌次数根据气温与季节确定，生根后酌情减少浇灌次数。

椰壳糠栽培是近年来兴起的基质栽培技术，椰壳糠是将椰壳粉的纤维高温消毒后生产出的纤维粉末状物质，具有通气、保水、无公害的特点，pH值在5.5～6.5之间，适于花卉与蔬菜的育苗、组培苗的栽培等。

为了便于运输与使用，椰壳糠常加工成砖状，称为椰壳砖。也可将椰壳糠加工成粉状，用长方形的塑料袋包装，包装袋直接铺设在温室的土层上用于隔离椰壳糠基质与温室土壤。

陶粒栽培是温室和家庭中盆景、蔬菜等的常见栽培方式。陶粒由营养陶土烧制而成，陶粒上带有大量离子，能够释放微量元素并与培养液进行离子交换。陶粒美观卫生，可制作成各种颜色的彩色陶粒。陶粒孔隙大，具有保水、吸水、通气、保肥等作用，并具有一定的缓冲能力，清洁卫生。一般营养液的液面高度达到基质的1/3～1/2的高度即可。

五、常用基质配方

市售基质可分为育苗基质和栽培基质两大类，由草炭、珍珠岩、蛭石、椰糠、砻糠、树皮等配比而成，栽培基质的草炭、砻糠比育苗基质的比例高。也可采用食用菌的废菌棒、废菌渣等废料发酵，配以砻糠、珍珠岩、锯木屑等，加入少量磷酸二氢钾。

（一）基质配比的原则

1.经济性
基质的原料能够就地取材，原料成本低廉。

2.营养丰富
良好的基质成分多样，含盐低，碳氮比适当，能够保水保肥。

3.性质稳定
化学性质稳定，pH稍偏酸性。

4.干净
应注意消毒，无病虫害。

（二）常用的基质配方

以下介绍几种在生产中常用的基质配方。

1.商品育苗基质配方1（夏季）

草炭（体积）：4份。

椰糠（体积）：2份。

珍珠岩（体积）：2份。

蛭石（体积）：2份。

50%多菌灵：0.2克/升。

均匀混合加水至基质含水量60%后，堆置3～4天即可装盘育苗。

2.商品育苗基质配方2（冬季）

草炭（体积）：4份。

椰糠（体积）：2份。

珍珠岩（体积）：3份。

蛭石（体积）：1份。

50%多菌灵：0.2克/升。

均匀混合加水至基质含水量60%后，堆置7～10天即可装盘育苗。

3.商品育苗基质配方3

草炭（体积）：3份。

砻糠（体积）：2份。

椰糠（体积）：2份。

珍珠岩（体积）：1份。

蛭石（体积）：2份。

搅拌均匀加水至基质含水量60%，堆置3天即可填充于栽培容器，栽植各种花卉蔬菜。

4.自制栽培基质配方

腐熟农家肥（体积）：2份。

腐熟废菌棒（体积）：4份。

锯木屑或切碎植物秸秆（体积）：3份。

谷壳灰（体积）：1份。

搅拌均匀堆放加水至含水量60%即可用于无土栽培，也可再加3份消毒后的细熟土。

5.农家基质育苗配方

充分腐熟鸡粪（体积）：1份。

充分腐熟牛粪（体积）：1份。

曝晒后过筛细熟土（体积）：1份。

50%多菌灵：0.2克/升。

搅拌均匀，浇水至基质含水量50%，堆放2天后即可装盘育苗。

第二节　水培技术

一、水培技术简介

水培技术是指不采用天然土壤，采用营养液通过一定的栽培设施栽培作物的技术。营养液可以代替天然土壤向作物提供合适的水分、养分、氧气和温度，使作物能正常生长并完成其整个生活史。水培时为了保证作物根系能够得到足够的氧气，可将作物的一部分根系悬挂生长在营养液中，另一部分根系裸露在潮湿空气中。水培技术是目前设施农业中常采用的作物栽培技术之一。

（一）水培技术的发展简介

植物生长发育主要需要16种营养元素。19世纪50年代末德国著名科学家提出了用溶液培养来提供植物矿质营养的方法，在此基础上，逐步演变和发展成今天的无土栽培实用科学技术。美国是世界上水培技术商业化最早的国家，20世纪70年代就已经实现了蔬菜水培的产业化。目前全世界已有100多个国家和地区使用水培技术生产，栽培面积也不断扩大，其中荷兰是水培技术最为发达的国家。

20世纪70年代，我国逐渐开始水培技术的研究及应用，并从19世纪80年代后期开始在南方各地推广。现阶段我国发展的主要水培技术为深液流技术、浮板毛管技术和营养液膜技术。

（二）营养液配比原则

营养液配方是水培技术的核心。

1.营养液配比的理论依据

目前确定营养液组成的配比理论依据来自以下3种配方。

（1）标准园试配方

由日本园艺试验场提出的配方，依据植物对不同元素的吸收量确定营养液的各元素的组成比例。

（2）山崎配方

由日本植物生理学家山崎肯哉根据园试配方研究果菜类作物水培而提出的配方，其原理是水、肥同步吸收，由作物吸收的各元素的量与吸水量之比确定营养液的各元素组成比例。

（3）斯泰纳配方

由荷兰科学家斯泰纳提出，原理是作物对不同离子的选择性的吸收，营养液中阳离子Ca^{2+}、Mg^{2+}、K^+的总摩尔数与阴离子NO_3^-、PO_4^{3-}、SO_4^{2-}的总摩尔数相等，但阳离子中各元素的比例和阴离子中各元素的比例有所不同，其比例值由植株的成分分析得出。

2.营养液的配比原则

（1）营养元素应齐全

营养液中的营养元素应齐全，除碳、氢、氧外的13种作物必需营养元素由营养液提供。

（2）营养元素应可被根部吸收

配制营养液的盐需溶解性良好，呈离子状态，不能有沉淀，容易被作物的根系吸收和有效利用。营养液一般不能采用有机肥配制。

（3）营养元素均衡

营养液中各营养元素的比例均衡，符合作物生长发育的要求。

（4）总盐分浓度适宜

总盐分浓度一般用EC值表示，不同作物在不同生长时期对营养液的总盐分的要求不一样，总盐分浓度应适宜。

（5）合适的pH值

一般适合作物生长的营养液pH值应为5.5～6.5，营养液偏酸时用一般NaOH中和，偏碱时用一般硝酸中和。各营养元素在作物吸收过程中应保持营养液的pH值大致稳定。

（6）营养元素的有效性

营养液中的营养元素在水培的过程中应保持稳定，不容易氧化，各成分不能因短时间内相互作用而影响作物的吸收与利用。

（三）水培的优势

1.节水节肥

水培能够节约用水、节省肥料，水培过程中，一般1～5个月才更换一次营养液，水培蔬菜在定植后不需要更换营养液。

2.清洁卫生

水培法生产的农产品无重金属污染，还能降低农药的使用量，也可以通过绿色植物净化空气。

3.避免土传病害

根系与土壤隔离，可避免各种土传病害，避免了土壤连作障碍。

4.经济效益高

与传统的作物栽培方式相比，水培的空间利用率高，作物生长快，而且一年四季能反复种植，极大地提高了复种指数，经济效益明显。水培法尤其适合叶菜类的蔬菜栽培。

二、水培设施主要类型

（一）水培设施基本条件

水培不同于常规土壤栽培和基质栽培，水培作物的根系不是生长在土壤和固体基质中，而是生长于营养液之中。因此，水培设施必须具备如下基本条件。

种植槽能盛装营养液，不能有渗漏。能固定植株使植物的部分根系浸润在营养液中。植物根系能够获得足够的氧气。植物根系和营养液处于黑暗中，利于植物根系生长，防止营养液中滋生绿藻。

（二）主要水培设施类型

水培设施主要适合我国南方地区各省，已推广的水培技术的类型主要有深液流技术、浮板毛管技术和营养液膜技术等。其中，深液流技术在广东推广得最好，而长江附近地区则以推广浮板毛管技术和营养液膜技术为主。

1.深液流技术

深液流技术是指植株根系生长在较深厚且流动的营养液层的一种水培技术，是最早开发成的可以进行农作物商品生产的无土栽培技术。世界各国在其发展过程中做了不少改进，是一种有效、实用、具有竞争力的水培生产类型，是比较适合我国现阶段国情，特别是适合南方热带亚热带气候特点的水培类型。

（1）深液流技术特征

深液流水培的技术特征为"深、流、悬"。

"深"是指营养液种植槽较深和种植槽内的营养液层较深。作物的根伸入较深的营养液层中，营养液总量较多，水培过程中营养液的酸碱度、成分、温度、浓度等不会剧烈变化，给作物提供了稳定的生长环境。

"流"是指水培过程中营养液循环流动。营养液的循环流动能增加营养液的溶氧量，消除营养液静止状态下根表皮与营养液的"养分亏竭区"，减少根系分泌的有害代谢产物，使失效沉淀的营养物质重新溶解。

"悬"是指作物悬挂种植在营养液面上。作物的根颈不浸入营养液中，防止烂根；作物的部分根系浸入营养液中，部分根系暴露在定植板和液面间的潮湿空气中，保证了根部氧气供应的充足。

（2）深液流技术设施结构

深液流水培设施一般由种植槽、定植板、储液池、营养液循环流动系统四大部分组成。由于建造材料不同和设计上的差异，已有多种类型面世。我国南方地区推广使用的是改进型神园式深液流水培设施，原神园式种植槽是用水泥预制板块加塑料薄膜构成的，为半固定的设施，而后改成了水泥砖结构永久固定的设施。

种植槽。在平整的地面上铺上一层3～5厘米厚的河沙，夯实后抹一层水泥砂浆成为槽底，槽框用水泥砂浆砖砌成，宽度一般为80～100厘米，槽深15～20厘米，槽长10～20厘米，砌好后槽的内外用高标号耐酸水泥抹面防止渗水。种植槽的槽底建造时可加钢筋，槽四周可考虑做一层防水涂料。

定植板。用硬泡沫聚苯乙烯板制成，板面开若干个孔，放入与定植板的孔直径相同的定植杯。定植杯的杯口有0.5～1厘米宽的唇，用于卡在定植板上。定植杯的中下部有小孔。

储液池。设置于地下，用于提供营养液、调节营养液和回收营养液。储液池体积大，使营养液的成分与性质不会发生剧烈变化。储液池的建造须考虑防渗漏，池的顶部应高于地面和设置盖子，防止雨水流入。

营养液循环流动系统包括营养液供液系统和回流系统两部分。供液系统包括供液管道、水泵、定时器、流量阀等，回流系统包括回流管道和液位调节器。管道采用硬质聚乙烯管，不能采用镀锌管和其他金属管，设计时还应考虑供液管道和回流管道的直径，防止回流速度慢导致液面升高使营养液溢出。

（3）种植管理

新的种植设施先浸泡2～3天，抽掉浸泡液后用清水清洗，再加入清水浸泡，反复操作多次。也可加入稀酸浸泡，缩短浸泡清洗的时间。

采用无土栽培的方式育苗，然后移栽定植。刚移栽时，种植杯的杯底应浸在营养液中，随作物的长大逐渐降低种植槽液面，使部分根毛暴露在定植板和营养液液面之间的空气中。

换茬时需要对定植杯、种植槽、储液池和循环管道等设施清洗、消毒。

2.营养液膜技术

营养液膜技术是一种将植物种植在浅层流动的营养液中的水培方法，营养液在种植槽中从较高的一端流向较低的一端。20世纪70年代以来，该技术迅速在世界范围内推广应用，能够用来种植药材、蔬菜和花卉。我国从20世纪80年代起也开始开展这种无土栽培技术的研究和应用工作，取得了较好的效果。

（1）营养液膜技术特征

营养液层薄。种植槽呈一定的斜面，流动的营养液层薄，为1～2厘米厚，作物的根能够很好地吸收氧气，定植槽底铺塑料薄膜，塑料薄膜上铺设一层无纺布，起到防止根系缺氧和断电后营养液断流造成的根部缺水枯死的作用。

功能多。能实现营养液自动检测、添加，调整pH值等功能。

（2）营养液膜技术设施结构

营养液膜技术的设施主要由种植槽、储液池、营养液循环流动装置、控制装置4部分组成，还可根据生产实际和资金的可能性，选择配置一些其他辅助设施，如浓缩营养液储备罐及自动投放装置，营养液加温、冷却装置等。

种植槽、储液池、营养液循环系统应防渗漏、耐酸碱，设施维护难度高于深液流水培装置，耐用性较差。

（3）营养液膜技术注意事项

营养液配方。营养液膜设施使用的营养液总量小，性质容易发生变化，应根据作物的需求，精心选择较稳定的营养液配方。

营养液浓度。由于液层较薄，槽头的养分浓度高于槽尾的养分浓度，会造成作物生长不均匀，因而营养液浓度不能过低。

3.浮板毛管技术

浮板毛管技术是对营养液膜技术的改进，其设施的储液池、营养液循环流动装置、控制装置均与营养液膜的设施相同，只是改进了种植槽，克服了营养液膜技术营养液少、缺氧、营养液养分不均匀、容易干燥死苗等缺点。种植槽中液层3~6厘米厚，液面两行定植杯之间漂浮聚乙烯泡沫板，板上覆盖一层亲水无纺布，无纺布两侧延伸入营养液中。作物的根系一部分伸入营养液中，另一部分趴在漂浮板的无纺布上。

三、其他水培方式

（一）管道式水培

管道式水培一般采用PVC管连接营养液循环系统。栽培管上均匀钻孔，用海绵固定作物苗，也可以用定植篮填上海绵、基质或陶粒置于栽培孔内起固定作用。

（二）水床式水培

水床式水培是温室水培较常见的一种方法。床体用防水布和水泥制作，床面即栽培板，一般采用聚苯泡沫板，板上钻孔做定植孔，用海绵或定植篮装基质、陶粒固定菜苗，若孔小，也可直接将菜苗放入定植孔。水床式水培技术简单实用，建设成本低，广泛应用于南方地区。

（三）水箱式水培

用UPE、PE、PC板材均可做成箱体，用防水布防水渗漏，或用玻璃及防水胶做成水箱，用同样的材料做盖板，上钻定植孔，一端留营养液进水龙头，另一端底部开带塞、带网出水口，箱底部铺垫0.5~1厘米厚的吸水布。

（四）容器水培

由盛水容器和定植篮两部分组成。盛水容器盛装营养液，定植篮用于固定植物。营养液中若饲养观赏鱼类，营养液浓度宜用平常浓度的1/2，也能用专用鱼菜共生营养液，鱼的排泄物可以被植株根系吸收转化，形成鱼菜共生的良性循环。

（五）鱼菜共生培养系统

鱼菜共生培养系统是巧妙利用鱼、蔬菜、微生物形成的能达到生态平衡的一种栽培培养方式。鱼代谢产生的氨类物质随水泵压力循环至种植槽中被微生物分解成亚硝铵和硝铵，被植物吸收利用，给植物提供养分，然后经脱氨的水回流至鱼池循环利用。

一般选择耐缺氧和耐差水质的鱼类，选择种植叶菜类或果菜类蔬菜。

鱼菜共生培养系统的优势：能够同时进行蔬菜生产和鱼的养殖，经济效益好。

系统有净化功能，节水，无养分流失，无废水排出。

四、营养液的配制与配方

（一）适合水培的花卉与蔬菜

1.适合水培的花卉植物

可直接进行水培的花卉植物：香石竹、文竹、非洲菊、郁金香、风信子、水仙花、菊花、马蹄莲、大岩桐、仙客来、唐菖蒲、兰花、万年青、蔓绿绒、巴西木、仙人掌类、绿巨人等。

经过驯养可将土生根转变成水生根的花卉植物：龟背竹、米兰、君子兰、茶花、茉莉、杜鹃、金梧、紫罗兰、蝴蝶兰、倒挂金钟、橡胶榕、巴西铁、秋海棠属植物、蕨类植物、棕榈科植物，以及蟹爪兰、富贵竹、常春藤、彩叶草等。

2.适合水培的蔬菜

生菜、空心菜、木耳菜、水芹、京水菜、叶用红薯、西红柿、辣椒、紫背天葵、富贵菜、救心菜、芥蓝、上海青、小白菜、大白菜、小油菜、菊苣、莴笋、菜心、豆瓣菜、苋菜、羽衣甘蓝、小香葱、大叶芥菜、黄瓜、向日葵、金花葵、鱼腥草、黄秋葵等。

不适合水培的蔬菜可以将基质作为介体，基本上也都可以水培成功。

（二）营养液的配制

1.营养液配制注意事项

配制营养液在专业研究水平下，是应该分类的，不同的植物有不同的配方，不同生长时期、不同的温湿度也有不同的配方。

配制营养液时一定不能使用金属容器，一是金属容器容易被腐蚀，二是会产生重金属污染；采用自来水配制时，自来水需静置8～24小时，取静置后的中上层自来水用于配制。

生产上普通栽培时使用通用配方即可。

由于自配营养液比较麻烦，平常若只需要做简单的水培，则可以采取方便简洁的方式：到市场上可以买到配制好的营养液原液，自己按说明兑水；买高浓度含微量元素的颗粒状复合肥，用放置2天的自来水充分溶解后兑水使用；用速溶性冲施肥按比例兑水配制营养液。

根据植株的长势，还可在农业专业技术人员的指导下添加其他营养元素。

2.常用营养液的配方

（1）莫拉德营养液配方

A液：硝酸钙125克、EDTA12克，自来水1 000毫升存放8小时，水温为40～50℃，先溶解EDTA，再溶解硝酸钙配成母液备用。

B液：硫酸镁37克、磷酸二氢铵28克、硝酸钾41克、硼酸0.6克、硫酸锰0.4克、五水硫酸铜0.004克、七水硫酸锌0.004克，自来水1 000毫升存放8小时以上，先溶解硫酸镁，然后依次加入磷酸二氢铵和硝酸钾，加水搅拌至完全溶解，硼酸以温水溶解后加入，最后分别加入其余的微量元素肥料。

A、B两种液体罐分别搅匀后备用。使用时分别取A、B母液各10毫升，加水1 000毫升，混合后调整pH值为6.0～7.6，即可用于植物水培。

（2）改良霍格兰营养液配方

四水硝酸钙945毫克/升；

硝酸钾506毫克/升；

硝酸铵80毫克/升；

磷酸二氢钾136毫克/升；

硫酸镁493毫克/升。

铁盐溶液：七水硫酸亚铁2.78克、乙二胺四乙酸二钠3.73克、蒸馏水500毫升，调整pH值至5.5，取2.5毫升。

微量元素液：碘化钾0.83毫克/升、硼酸6.2毫克/升、硫酸铵22.3毫克/升、硫酸锌8.6毫克/升、钼酸钠0.25毫克/升、硫酸铜0.025毫克/升、氯化钴0.025毫克/升，调整pH值至6.0，取5毫升。

（3）格里克基本营养液配方

硝酸钾0.542克/升、硝酸钙0.096克/升、过磷酸钙0.135克/升、硫酸镁0.135克/升、硫酸0.073克/升、硫酸铁0.014克/升、硫酸锰0.002克/升、硼砂0.0017克/升、硫酸锌0.0008克/升、硫酸铜0.0006克/升。

（4）Knop营养液配方

硝酸钙0.8克/升、硫酸镁0.2克/升、硝酸钾0.2克/升、磷酸二氢钾0.2克/升、硫酸亚铁微量。

（5）我国花市普遍使用的配方一

硝酸钾0.7克/升、硼酸0.0006克/升、硝酸钙0.7克/升、硫酸锰0.0006克/升、过磷酸钙0.8克/升、硫酸锌0.0006克/升、硫酸镁0.28克/升、硫酸铜0.0006克/升、硫酸铁0.12克/升、钼酸铵0.0006克/升。

用法：使用时，将各种化合物混合在一起，加水1升，即配好的营养液，直接浇花。用量大时，按比例随兑随用。

（6）我国花市普遍使用的配方二

尿素5克、硫酸钙1克、磷酸二氢钾3克、硫酸镁0.5克、硫酸锌0.001克、硫酸亚铁0.003克、硫酸铜0.001克、硫酸锰0.003克、硼酸0.002克，加水10升，充分溶解后即成营养液。

用法：在盆花生长期每周浇1次，每次用量根据植株大小而定，如果是阳性花卉，每次约浇100毫升，阴性花卉酌减。冬季或休眠期，每月1次。平时浇水仍用存放过的自来水。

第三节 气雾栽培

一、气雾栽培简介

气雾栽培又称气培、雾培、气雾培等，是利用喷雾装置将营养液雾化为小雾滴状，直接喷射到植物根系以提供给植物生长所需的水分和养分的一种新型无土栽培技术。气雾栽培摆脱了传统土壤栽培对天然土壤的依赖，克服了传统栽培模式下土壤污染、连作障碍、次生盐渍化等问题，能有效解决普通无土栽培中根系缺氧烂根的问题，营养液可反复使用，节约水肥，可用于蔬菜和瓜果的工厂化生产，是一种具有广阔应用前景的新型无土栽培模式。营养液的配制和优化是雾培作物高产优质的关键技术。

（一）气雾栽培原理与系统组成

1. 气雾栽培原理

气雾栽培技术是将作物的根系悬挂生长在封闭和不透光的容器内，营养液经水压或其他设备形成雾状，间歇性喷到作物根系上，通过雾化的营养液水汽满足植物根系对水肥和氧气的需求。气雾栽培系统中，植物根系直接暴露在充满雾化营养的空气中，在毫无机械阻力的情况下生长，能获得充足的氧气和自由伸展的空间，有效解决普通水培中供氧、供肥的矛盾。

2. 气雾栽培系统的组成

完整的气雾栽培系统包括栽培系统、营养液供给与调控系统、计算机自动控制管理系统3个部分。

（1）栽培系统

栽培系统主要是指种植作物所用到的苗床，不同类型的苗床适合种植的植物也不同。生产中常见的苗床模式有支架式、筒式等。

支架式苗床是由两块聚丙烯泡沫板靠合在一起与地面呈三角状，泡沫板上均匀钻孔，作为种植孔。营养液通过供液管输送至支架内的雾化系统，在菜苗根系附近进行雾化，多余的水流到栽植床通过集液孔流到回流管并最终流回储液池。

泡沫筒式苗床是用聚丙烯泡沫板围合成柱状，泡沫板上均匀钻上直径为2～3厘米的圆形栽培孔，用海绵块做支撑固定，包上菜苗填在栽培孔内。营养液在增压泵的作用下，通过管道循环到达喷液嘴，将雾状液体喷在植株根系上。

桶式苗床是用聚丙烯泡沫板或其他除金属外的材料围成桶状，用相同或不同的材料做面板，若用两块做面板可直接将苗子夹在缝隙中，若用一块则中间打小孔，将营养液喷嘴接在上、中、下3个部位，开通增压泵即可。这种栽培系统大多用于大型植株的栽培，具有培育与创造最佳的根域空间、发挥最大生长潜能的作用。这种以雾培方式种植的植物生长特别快，可以作为观光园区内各种瓜果蔬菜或木本植物栽培的方式，能够培育出具有巨大树体的植物，是目前观光农业发展较好的一个项目。

管道式栽培是观光农业中一种常见的栽培方式，大都采用水培的方式，但采用管道式水培容易出现夏天管道内温度高和根系缺氧的现象，而气雾式的管道栽培系统只需在栽培管道内安装微喷管道并改造即可。

管道式苗床的制作：一般采用大直径的PVC管，钻孔、加工成有栽培孔的管道。每隔两个栽培孔设置1个喷雾嘴，使整个管道苗床内的营养液气雾均匀。也可采用超声波雾化器将营养液雾化，用微型鼓风机将雾气吹送至栽培管道内，确保供给作物根系水分与营养。

（2）营养液供给与调控系统

营养液供给与调控系统主要包括储液池、回液池滤网、回液池、管道、喷雾装置、水泵、营养液配制与管理装置等。储液池中的营养液通过水泵，经供液管供给栽培床，再经回流管道回到储液池实现营养液的循环。水泵功率大小应根据生产面积及喷头所需的压力配置。营养液的配制与管理包括营养液配方、浓度（EC）、酸碱度（pH）、液温调节等，这些是决定气雾栽培生产效果好坏的关键。营养液的栽培效果还受到当地气候、水质、作物种类、品种等各种因素的影响。因此，在实际生产中，要结合栽培作物的种类、当地的具体条件和栽培实践经验选择适宜的营养液配方与浓度，并通过调整各种营养元素的种类与比例，达到调控品质的目的。

营养液的供给与调控系统与水培系统相似，不同之处在雾培系统中有喷雾装置，营养液由水泵增压后从供液管流向支管，经高压喷头喷出后形成雾状。

（3）计算机自动控制管理系统

通过传感器采集外环境、营养液及根际环境的各种参数，计算机按专家系统和植物生长模式进行运算判断，然后操作水泵、电磁阀、喷雾装置、热风炉、加温线、补光灯等装置进行调控。该系统能通过基于物联网系统对温室大棚和雾化系统的各种气候参数进行采集和调控，但目前国内此类设施比较简单，一般仅包括营养液调配、喷雾定时器的控制等功能。

（二）气雾栽培的特点

气雾栽培生产中可以完全按照栽培者的要求进行农业生产，不受季节、地理环境的影响，做到全年生产、周年供应，获得高产、优质的良好生产效果。

1.避免连作障碍

作物的同科连作障碍在设施农业中表现得尤其明显，作物连作导致土壤中土传病虫害的大量发生、盐分积聚、养分失衡等已成为农业可持续生产中的难题。气雾栽培条件下只需更换营养液，就能避免连作造成的营养液中有害物质的积累。

2.充分利用种植空间

气雾栽培能够采用多种种植形式，充分利用种植空间，能够最大限度地实现立体化种植，大大提高了单位面积产量。

3.作物长势快、产量高，节水省肥

气雾栽培解决了根系在水培环境中缺氧的问题。在气雾环境中氧气充足，根系大多为吸收肥水效率极高的不定根根系，而且是以根毛发达的气生根为主，根系的吸收速度得以最大化，几倍甚至数十倍于土壤栽培或者水培，因而根系特别发达。由于作物生长速度加快，还可以使作物生育期缩短。水肥以雾化的方式被根系吸收，根系接触营养液的面积远远高于水培、基质培和土培，水肥的利用率大大提高。

4.减少农药的使用

气雾栽培采用的栽培系统远离土壤，是人为创造的洁净无土环境，而且营养液中无有机物，病虫没有滋生的有机营养及藏匿的空间，使病虫发生的概率大大降低，能够大幅度减少农药的用量。

（三）气雾栽培注意事项

气雾栽培适合瓜果与蔬菜类作物，生产上采用该方式时应注意如下事项。

1.场地选择

北方可选择日光温室，南方可选择在连栋温室大棚中进行气雾栽培，北方注意冬季保温，南方地区须注意夏季降温与通风。

2.储液池

一般可按每亩栽培面积设置1个储液池，体积不能过小，约为10立方米，营养液回流口应设置滤网；还可另设置一个1～2立方米的回收池，回收池与储液池之间设滤网，回收池内填装粗砂、卵石、木炭等，起到净化回收液的作用。栽培系统和储液池、回收池均不能透光。

3.控制设备

温室大棚内的湿度较大，设备容易生锈，电路板容易短路，气雾栽培的控制设备最好能安装在温室外的单独房间内，保证设备的长期稳定运行。

4.气雾栽培营养液的配制

应根据作物种类、生长时期和季节选择合适的营养液。营养液最好采用自来水配制，自来水要先经过过滤与静置沉淀处理。

5.备用供电系统

完善的气雾栽培系统须配备备用电源，一般可采用汽油发电机组，夏天在停电时能及时进行供电切换。

二、实验室微型气雾栽培系统

气雾栽培技术最先是应用于马铃薯的栽培，一些发达国家在这一技术方面处于领先地位，我国也已能够生产和安装调试基于温室大棚的雾培设备。研究营养液的配方与微量元素的含量是雾化栽培的关键技术，如果采用生产型的雾培设备进行研究会造成投入大、浪费大的问题，如生产型气雾栽培系统的储液池容量往往达数立方米甚至10立方米以上，栽培面积1亩以上，科研试验成本过高，不适合科研用。

（一）微型雾培系统原理与组成

微型雾培系统由雾培桶、雾化器、营养液供应与回收系统、控制装置组成。

1.雾培桶与雾化器

雾培桶用不透光材料制作，雾培桶顶端设置定植板，雾培桶内设有雾化器，雾化器可采用超声波或高压喷头方式，一般1立方米大小的雾培桶可装4个雾化器，保证桶内空间的营养液雾气能够均匀分布。

2.营养液供应与回收系统

采用超声波雾化器的雾培系统在雾培桶中进行营养液的混合与调整，超声波雾化器悬浮在营养液中；采用压力雾化器的雾化系统应设置单独的储液池进行营养液的混合与回收，其装置结构与一般生产型的雾培系统类似。

3.控制装置

采用单片机，控制雾化间隙时间，自动调整营养液pH值、浓度、温度等参数。

（二）微型雾培系统的优势

微型雾培系统体积小，可方便更换营养液，适合于小规模栽培实验，尤其是能够方便地用于雾化营养液配方的研究；能够放置于实验室内或人工气候室内，作物生长气候条件精确可控。

第二章　设施蔬菜栽培的基础知识

第一节　设施的主要类型与特点

设施蔬菜栽培是在不适宜蔬菜生长的季节，利用各种设施为蔬菜生产创造适宜的环境条件，从而达到周年供应的栽培形式。常用设施有风障、阳畦、地膜覆盖、塑料小棚、塑料中棚、塑料大棚、日光温室等。北方地区，大中棚主要进行春提早和秋延后两种茬口栽培，日光温室栽培安排在自然界气温偏低的秋、冬、春三季进行。华北地区，从7月开始至翌年6月份可安排日光温室栽培。

一、塑料小拱棚

塑料小拱棚一般高1米左右、宽2~3米，长度不限。骨架多用毛竹片、荆条、硬质塑料圆棍，或直径6~8毫米的钢筋等材料弯成拱圆形，上面覆盖塑料薄膜。夜间可在棚面上加盖草苫，北侧可设风障。目前广泛应用的塑料小拱棚，根据结构不同分为拱圆形棚和半拱圆形棚。半拱圆形棚是在拱圆形棚的基础上发展改进而成的形式。在覆盖畦的北侧加筑一道高约1米的土墙，墙上宽约30厘米、下宽45~50厘米。拱形架杆的一端固定在土墙上部，另一头插入覆盖畦南侧畦埂外的土中，上面覆盖塑料薄膜。半拱圆形棚的覆盖面积和保温效果大于和优于小拱圆形棚。

塑料小拱棚空间小，棚内温度受外界气温的影响较大。一般昼夜温差可达20℃以上。晴天增温效果显著，阴、雪天气效果较差。在一天内，早上日出后棚内开始升温，上午1G时后棚温急剧上升，下午1时前后达到最高值，以后随太阳西斜、日落，棚温迅速下降，夜间降温比露地缓慢，第二天凌晨时棚温最低。春季小拱棚内的地温比露地高5～6℃，秋季比露地高1～3℃。小拱棚内空气湿度变化较为剧烈，密闭时可达饱和状态，通风后迅速下降。

二、塑料大棚

塑料大棚俗称冷棚，是一种简易实用的保护地栽培设施。由于其建造容易、使用方便、投资较少，随着塑料工业的发展，已被世界各国普遍采用。利用竹木、钢材等材料，覆盖塑料薄膜，搭成拱形棚，栽培蔬菜能够提早或延迟供应，提高单位面积产量，还有利于防御自然灾害。塑料大棚栽培以春季、夏季、秋季为主，冬季最低气温为-17℃的地区可用于耐寒作物在棚内的防寒越冬，高寒和干旱地区可提早在大棚进行栽培。北方地区，冬季在温室中育苗，早春将幼苗提早定植于大棚内进行早熟栽培。夏播，秋后进行延迟栽培，1年种植两茬。由于春提早和秋延后可使大棚的栽培期延长2个月之久。

（一）塑料大棚结构类型

我国各地生产上使用的大棚，基本上是单拱圆形骨架结构，根据所用建造材料主要分为以下几种类型。

1.简易竹木结构大棚

这种结构的大棚，各地区不尽相同，但其主要参数和棚型基本一致，大同小异。由立杆、拱杆、拉杆、压杆组成大棚的骨架，架上覆盖塑料薄膜。这种棚多为南北延长，棚宽8～12米、长30～60米、中高1.8～2.5米、边高1米，每栋面积0.3～1亩。按棚宽（跨度）方向每隔2米设一立柱，立柱粗6～8厘米，顶端形成拱形，地下埋深50厘米，下面垫砖或绑横木并夯实。将竹片（竿）固定在立柱顶端呈拱形，两端加横木埋入地下并夯实。拱架间距1米，并用纵拉杆连接，形成整体。拱架上覆盖薄膜，拉紧后膜的端头埋在四周的土里，拱架间用压膜线或8号铅丝、竹竿等压紧薄膜。这种大棚的优点是取材方便、造价较低、建造容易，缺点是棚内柱子多、遮光率高、作业不方便、寿命短、抗风雪荷载性能差。

2.混合结构大棚

棚体结构与竹木棚相同。为使棚架坚固耐久，并能节省钢材，可采用竹木拱架和钢筋混凝土相结合，或钢拱架、竹木或水泥柱相结合。这种大棚的特点是钢材用量少，取材方便，坚固耐用，由于减少了立柱数量还改善了作业条件；缺点是造价略高。

3.焊接钢结构大棚

棚体结构与竹木结构的大棚相同。大棚拱架是用钢筋、钢管或两种结合焊接而成的平面桁架，上弦用16毫米钢筋或19.8毫米管，下弦用12毫米钢筋，纵拉杆用9～12毫米钢筋。大棚跨度8～12米、长30～60米、脊高2.6～3米，拱架间距1～1.2米。纵向各拱架间用拉杆或斜交式拉杆连接固定形成整体，拱架上覆盖薄膜，拉紧后用压膜线或8号铅丝压膜，两端固定在地锚上。这种结构的大棚，骨架坚固，抗风雪能力强，无中柱，棚内空间大，透光性好，操作方便，可机械作业。但这种棚对材料质地和建造技术要求较高，一次性投资较大，还需要对钢材进行防锈处理。1～2年需涂刷防锈漆1次，比较麻烦，如果维护得好使用寿命可达6～7年。

4.镀锌钢管装配式大棚

这种结构的大棚骨架，其拱杆、纵向拉杆、端头立柱均为薄壁钢管，并用专用卡具连接形成整体。所有杆件和卡具均经过热镀锌防锈处理，是工厂化生产的工业产品，已形成标准和规范的有20多种系列产品。

这种大棚跨度4～12米，肩高1～1.8米，脊高2.5～3.2米，长度20～60米，拱架间距0.5～1米，纵向用纵拉杆（管）连接固定成整体。用镀锌大槽和钢丝弹簧压固薄膜，用卷帘器卷膜通风、用保温幕保温、用遮阳幕遮阴和降温。

这种大棚为组装式结构，建造方便，并可拆卸迁移；棚内空间大、遮光少、作业方便，有利于作物生长；构件抗腐蚀性强、整体强度高、承受风雪能力强，使用寿命可达15年以上。

（二）大棚覆盖材料

1.普通膜

以聚乙烯或聚氯乙烯为原料，膜厚0.1毫米，无色透明。使用寿命约为6个月。

2.多功能长寿膜

是在聚乙烯吹塑过程中加入适量的防老化剂和表面活性剂制成。使用寿命比普通膜长1倍，夜间棚温比其他材料的高1～2℃。而且膜表面不易结水滴，覆盖效果好，成本低，效益高。

3.草被、草苫

用稻草纺织而成，保温性能好，是夜间保温材料。

4.聚乙烯高发泡软片

是白色多气泡的塑料软片，宽1米、厚0.4～0.5厘米，质轻能卷起，保温性与草被相近。

5.无纺布

由一种涤纶长丝、不经纺织的布状物。分黑色和白色两种，并有不同的密度和厚度，常用规格为50克/平方米，除有保温作用外还常作遮阳网用。

6.遮阳网

一种塑料织丝网。常用的有黑色和银灰色两种，并有数种密度规格，遮光率各有不同。主要用于夏天遮阴防雨，也可作冬天保温覆盖用。

（三）塑料大棚的性能特点

1.塑料大棚的光照

新塑料薄膜透光率可达80%～90%，但在使用期间由于灰尘污染、吸附水滴、薄膜老化等原因，而使透光率减少10%～30%。大棚内的光照条件受季节、天气状况、覆盖方式、薄膜种类及使用新旧程度情况等因素的影响而产生很大差异。大棚越高大，棚内垂直方向的辐射照度差异越大，棚内上层及地面的辐照度相差20%～30%。在冬春季节东西延长的大棚光照条件较南北延长的大棚光照条件好，局部光照条件所差无几，南北两侧辐照度相差10%～20%。不同棚体结构对棚内受光的影响很大，双层薄膜覆盖虽然保温性能较好，但受光比单层薄膜盖的棚减少1/2左右。一般因尘染可使透光率降低10%～20%，严重污染时棚内受光量只有7%。一般薄膜易吸附水蒸气，在薄膜上凝聚成水滴，使薄膜的透光率减少10%～30%。同时，薄膜在使用期间，由于高温、低温和受太阳光紫外线的影响使薄膜老化，老化薄膜透光率降低20%～40%，甚至失去使用价值。因此，大棚覆盖的薄膜，应选用耐温防老化、除尘无滴的长寿膜，以利于棚内受光和增温，并延长使用期限。

2.塑料大棚的温度

大棚的主要热源是太阳的辐射热，棚外无覆盖物时，棚内温度随外界昼夜交替和天气的阴、晴、雨、雪，以及季节的变化而变化。一般在寒季大棚内日增温可达3～6℃，阴天或夜间增温能力仅为1～2℃。春暖时节棚内和露地的温差逐渐加大，增温可达6～15℃。外界气温升高时，棚内增温相对加大，最高可达20℃以上，因此大棚内存在着高温及冰冻危害，需进行人工调整。在高温季节棚内可产生50℃以上的高温，进行全棚通风，棚外覆盖草苫或搭成"凉棚"，可比露地气温低1～2℃。冬季晴天时，夜间最低温度可比露地高1～3℃，阴天几乎与露地相同。因此，大棚的主要生产季节为春、夏、秋三季，通过保温及通风降温措施，可使棚温保持在15～30℃的作物生长适温。

在一天之内，清晨后棚温逐渐升高，下午逐渐下降，傍晚棚温下降最快，夜间11时后温度下降减缓，揭苫前棚温下降到最低点。晴天昼夜温差可达30℃左右，棚温过高容易灼伤植株，凌晨温度过低又易发生冷害。棚内不同部位的温度状况也有差异，每天上午日出后，大棚东侧首先接受太阳光的辐射，棚东侧的温度较西侧高；中午太阳由棚顶部射入，高温区在棚的上部和南端；下午主要是棚的西部受光，高温区出现在棚的西部。大棚内垂直方向上的温度分布也不相同，白天棚顶部的温度比底部高3～4℃，夜间棚下部温度比上部高1～2℃。大棚四周接近棚边缘位置的温度，在一天之内均比中央部分低。

3.塑料大棚的湿度

塑料大棚的气密性强，所以棚内空气湿度和土壤湿度都比较高，在不通风情况下，棚内白天相对湿度可达60%～80%，夜间经常在90%左右，最高达100%。棚内空气湿度变化规律是棚温升高湿度降低，棚温降低湿度升高；晴天、刮风天湿度低，阴雨天湿度显著上升。春季，每天日出后棚温逐渐升高，土壤水分蒸发和作物蒸腾作用加剧，棚内温度增高，随着通风棚内湿度会下降，到下午关闭门窗前湿度最低。关闭门窗后，随着温度的下降，棚面凝结大量水珠，湿度往往达到饱和状态。

棚内适宜的空气相对湿度依作物种类不同而异，一般白天要求保持在50%～60%、夜间80%～90%。为了减轻病害，夜间空气相对湿度宜控制在80%左右。棚内相对湿度达到饱和时，提高棚温也可以降低湿度，如棚温为5℃时，每提高1℃，空气相对湿度约降低5%；棚温为10℃时，每提高1℃，空气相对湿度则降低3%～4%。由于棚内空气湿度大，土壤的蒸发量小，因此在冬春寒季要减少灌水量。大棚温度升高，或温度过高时通风，湿度下降又会加速作物的蒸腾，致使植株体内缺水而使蒸腾速度下降，或造成生理失调，因此生产中应按作物的要求保持适宜的湿度。采用滴灌技术，结合地膜覆盖，减少土壤水分蒸发，可以大幅度降低空气湿度。

4.塑料大棚的气体条件

由于覆盖薄膜，棚内空气流动和交换受到限制，在蔬菜植株高大、枝叶茂盛的情况下，棚内空气中的二氧化碳浓度变化很剧烈。早上日出之前由于作物呼吸和土壤释放，棚内二氧化碳浓度比棚外高2~3倍；8~9时以后，随着叶片光合作用的增强，可降至100微升/升以下。因此，日出后要酌情进行通风换气，并及时补充二氧化碳。生产中可人工补施二氧化碳气肥，浓度为800~1 000微升/升，在日出后至通风换气前使用。人工施用二氧化碳，在冬春季光照弱、温度低的情况下，增产效果十分显著。

此外，在低温季节大棚经常密闭保温，很容易积累有毒气体。当大棚内氨气达5微升/升时，叶片先端会产生水渍状斑点，继而变黑枯死；二氧化氮达2.5~3微升/升时，叶片产生不规则的绿白色斑点，严重时除叶脉外全叶都被漂白。氨气和二氧化氮的产生主要是由于氮肥使用不当所致，一氧化碳和二氧化硫的产生主要是用煤火加温时燃烧不完全，或煤的质量差造成的。薄膜老化可释放出乙烯，引起植株早衰，过量使用乙烯产品也是原因之一。为了防止棚内有害气体的积累，生产中禁止使用新鲜厩肥作基肥，也不用尚未腐熟的粪肥作追肥；严禁使用碳酸氢铵作追肥，用尿素或硫酸铵作追肥时要随水浇施或穴施后及时覆土；肥料用量要适当，不能施用过量；低温季节也要适当通风，以便排除有害气体。另外，用煤质量要好，并充分燃烧，把燃后的废气排出棚外。有条件的可采用热风或热水管加温。

三、节能型日光温室

日光温室、大棚统称为节能型日光温室，在我国有些地区又称之为冬暖式大棚。它主要是利用太阳光给温室增加温度，从而实现冬季喜温性蔬菜生产的目的，一般无须进行人工补温。用日光温室大棚种植蔬菜，既丰富了冬季蔬菜的市场供应，又增加了菜农的经济收入，已成为农民致富增收的一条有效途径。

（一）节能型日光温室结构

主要由墙体、后屋面、前屋面三大部分构成，其中墙体又分为后墙和两面山墙。后墙指平行于日光温室屋脊、位于大棚北侧的墙体，山墙指垂直于日光温室屋脊的两侧墙体。墙体主要功能是保温、蓄热、支撑后屋面和前屋面。后屋面主要是指后墙与屋脊之间的斜坡，又称后坡，是用保温性能较好的材料铺制而成，后屋面的主要功能是保温。前屋面是指由屋脊至温室前沿的采光屋面，主要是由骨架、透明覆盖物和不透明覆盖物3部分构成。骨架主要起支撑作用，透明覆盖物主要用于采光，不透明覆盖物主要用于夜间保持棚内合理的温度和湿度。

（二）日光温室的建造

1.画线

在规划好的场地内放线定位，方法是将准备好的线绳按规划好的方位拉紧，用石灰粉沿着线绳方向画出日光温室的长度，然后确定日光温室的宽度。画线时，日光温室的长与宽之间要呈90°夹角，画好线后夯实地面就可以开始建造墙体了。

2.墙体建造

日光温室大棚墙体有两类，即土墙和空心砖墙。

（1）土墙

土墙可采用板打墙、草泥垛墙的方式进行建造，生产中以板打墙为主。板打墙的厚度直接决定了墙体的保温能力，一般基部宽为100厘米，向上逐渐收缩，至顶端宽度为80厘米，这种下宽上窄的墙体比较坚固。目前草泥垛墙也在一些地区推广应用，这种建造方式比较经济实惠。草泥垛墙时，先将泥土与水充分混合，然后将混合好的泥巴分别堆压在墙体上，草泥垛墙能够保证墙体的最佳保温效果。

（2）空心砖墙

为了保证空心砖墙墙体的坚固性，建造时首先需要开沟砌墙基。方法是挖宽约100厘米的墙基，墙基深度一般距原地面40～50厘米，然后填入10～15厘米厚的掺有石灰的二合土并夯实。之后用红砖砌垒，当墙基砌到地面以上时，为了防止土壤水分沿着墙体上返，需在墙基上面铺上厚约0.1毫米的塑料薄膜。在塑料薄膜上部用空心砖砌墙时，要保证墙体总厚度为70~80厘米，即内侧和外侧均为24厘米的砖墙，中间夹土填实。若两面砖墙中间填充蛭石、珍珠岩等轻质隔热材料，墙体总厚度可为55~60厘米，即外侧为24厘米的砖墙，内侧为12厘米的砖墙，中间填蛭石或珍珠岩等。墙身高度为2.5米，用空心砖砌完墙体后，外墙用砂浆抹面找平，内墙用白灰砂浆抹面。

3.后屋面建造

日光温室大棚的后屋面主要由后立柱、后横梁、檩条及上面铺设的保温材料4部分构成。

后立柱主要起支撑后屋顶的作用，为保证后屋面坚固，一般采用水泥预制件做成。在实际建造中，有后排立柱的日光温室可先建造后屋面，再建造前屋面骨架。后立柱竖起前，可先挖一个长、宽均为40厘米，深为40~50厘米的小土坑，为了保证后立柱的坚固性，可在小坑底部放一块砖，将后立柱竖立在砖上部，然后将小坑空隙部分用土填埋，并用脚充分踩实压紧。

日光温室的后横梁置于后立柱顶端，呈东西向延伸。

檩条的作用主要是将后立柱、横梁紧紧固定在一起，可采用水泥预制件做成，一端压在后横梁上，另一端压在后墙上。檩条固定好后，可在其上东西方向拉60~90根10~12号冷拔铁丝，铁丝两端固定在温室山墙外侧的土中。铁丝固定好以后，在整个后屋面上部铺一层塑料薄膜，然后将保温材料铺在塑料薄膜上。在我国北方大部分地区，后屋面多采用草苫保温材料进行覆盖，草苫覆盖好后再用塑料薄膜盖一层，为了防止塑料薄膜被大风刮起，可用细干土压在薄膜上面，至此后屋面的建造就完成了。

4.骨架

日光温室骨架结构分为水泥预件与竹木混合结构，钢架竹木混合结构和钢架结构。

（1）水泥预件与竹木混合结构

立柱、后横梁由钢筋混凝土柱组成，拱杆为竹竿，后坡檩条为圆木棒或水泥预制件。立柱分为后立柱、中立柱、前立柱，后立柱可选择13厘米×6厘米钢筋混凝土柱；中立柱可选择10厘米×5厘米钢筋混凝土柱，中立柱因温室跨度不同，可由1排、2排或3排组成；前立柱可由9厘米×5厘米钢筋混凝土柱组成。后横梁可选择10厘米×10厘米钢筋混凝土柱，后坡檩条可选择直径为10~12厘米的圆木，主拱杆可选择直径为9～12厘米的圆竹。

（2）钢架竹木混合结构

主拱梁、后立柱、后坡檩条由镀锌管或角铁组成，副拱梁由竹竿组成。主拱梁由直径20毫米国标镀锌管2～3根制成，副拱梁由直径5毫米左右的圆竹制成。立柱由直径50毫米的国标镀锌管制成。后横梁由50毫米×50毫米×5毫米角铁或直径50毫米的国标镀锌管制成。后坡檩条由40毫米×40毫米×4毫米角铁或直径20毫米国标镀锌管制成。

（3）钢架结构

整个骨架结构由钢材组成，无立柱或仅有1排后立柱，后坡檩条与拱梁连为一体，中纵肋3～5根。其中主拱梁由直径20毫米的国标镀锌管2～3根制成，副拱梁由直径20毫米的国标镀锌管1根制成，立柱由直径50毫米的国标镀锌管制成。

5.外覆盖物

日光温室大棚的外覆盖物主要由透明覆盖物和不透明覆盖物组成。

在一些地区，日光温室透明覆盖物主要采用厚度0.08毫米的EVA膜。这种防雾滴薄膜的流滴持效期大于6个月，寿命大于12个月，使用3个月后透光率不低于85%。利用EVA膜覆盖日光温室大棚有3种方式，即一块薄膜覆盖法、两块薄膜覆盖法、三块薄膜覆盖法。一块薄膜覆盖法是从棚顶到棚基部用一块薄膜覆盖。其优点是没有缝隙，保温性能好。两块薄膜覆盖法是采用1块大膜和1块小膜的覆盖方法。棚顶部用一块大膜罩起来，前沿基部用一块小膜衔接起来，两块薄膜覆盖好后用压膜线固定，注意将压膜线的两端系紧系牢。其优点是寒冷季节要把2块薄膜接缝处交叠并压紧，大棚的保温性能就比较好，需要通风时把2块薄膜从接缝处拨开1个小口，即可通风散热。三块薄膜覆盖法是采用1块大膜和2块小膜的覆盖办法。顶部和基部采用2块小膜，中间采用1块大膜。这种方法的通风降温能力明显优于两块薄膜覆盖法，但是薄膜覆盖操作比较困难。日光温室不透明保温覆盖材料主要是草苫。草苫主要是用稻草或蒲草制作而成，其宽度为120～150厘米，长度主要根据日光温室跨度而定，通常规格为4～5千克/平方米。草苫保温效果好，遮光能力强，经济实惠。目前生产中纸被、棉被、保温毯和化纤保温被等均有应用。

（三）日光温室的性能特点

1.日光温室的光照

（1）光照强度

通常在直射光入射角为0°、新的干净塑料薄膜的条件下透光率可达90%左右，但在实际应用中薄膜覆盖后，透光率逐渐下降。

（2）光照时数

由于日光温室在寒冷季节多采用草苫或纸被等覆盖保温，而这种保温覆盖物多在日出以后揭开、在日落之前盖上，从而减少了日光温室内的光照时数。

（3）光照分布

一般日光温室北侧光照较弱、南侧较强，温室上部靠近透明覆盖物表面处光照较强、下部靠近地面处光照较弱。东西侧靠近山墙处，在午前和午后分别出现三角形弱光区，午前出现在东侧、午后出现在西侧，而中部全天无弱光区。

（4）光质

日光温室以塑料薄膜为透明覆盖材料，与玻璃温室相比光质优良，紫外线的透过率也比玻璃高，因此蔬菜产品维生素C及糖含量较高，外观品质也比单屋面玻璃温室好。但不同种类的薄膜光质有差别，聚乙烯膜的紫外线透过率最高，聚氯乙烯薄膜由于添加了紫外线吸收剂，紫外线透过率较低。

2.日光温室的温度

（1）气温的季节变化

日光温室内相当于冬季的天数比露地缩短3~5个月，相当于夏季的天数比露地延长2~3个月，春秋季天数比露地分别延长20~30天。在北纬41°以南地区，保温性能好的优型日光温室几乎不存在冬季，可以四季栽培蔬菜。

（2）气温的日变化

日光温室内气温的日变化规律与外界基本相同，即白天气温高、夜间气温低。通常在早春、晚秋及冬季，日光温室内晴天最低气温出现在揭草苫后的0.5小时左右，温度达到最高值的时间偏东温室略早于中午12时、偏西温室略晚于中午12时，下午2时后气温开始下降，从下午2时至4时左右盖草苫时开始平均每小时降温4~5℃，盖草苫后气温下降缓慢，从下午4时至第二天上午8时降温5~7℃。阴天室内的昼夜温差较小，一般只有3~5℃，晴天室内昼夜温差明显大于阴天。

（3）气温的分布

白天温室上部气温高于下部、中部高于四周，夜间北侧气温高于南侧。此外，温室面积越小，低温区所占比例越大，温度分布不均匀，一般水平温差为3~4℃、垂直温差为2~3℃。

（4）地温的变化

日光温室以自然光照为热源，地温也有明显的日变化和季节变化等特点。晴天的白天，在不通风或通风量不大的情况下，气温始终比地温高；夜间，一般是地温高于气温。地温升降主要是在0~20厘米的土层里。在一天中地温最高值和最低值的出现时间随深度而异，5厘米地温最高值出现在下午1时，10厘米地温最高值在下午2时，最低值出现在揭开草苫之后。所以，一天中上午8时至下午2时为地温上升阶段，下午2时至第二天8时为地温下降阶段。晴天室内平均地温随深度的增加而下降，阴天室内平均地温随深度的下降而上升。如果白天以下午2时地温为代表，夜间以晚8时地温与翌日上午8时地温的平均值为代表，则白天地面温度最高，随深度的增加而递减。夜间10厘米地温最高，由10厘米向上、向下递减。从地温分布来看，不论水平分布、垂直分布均有差异，南北方向上的地温梯度明显，以中部地温最高，向南、向北递减，前底脚附近比后屋面下低。东西方向上的地温差异比南北方向上小，主要是由于靠近山墙处的边界效应以及山墙上开门的影响造成的差异，所以温室越长其相对差异越小。生产中建造日光温室的长度最好在50~60米及以上。

3.日光温室的空气湿度

（1）空气湿度大

日光温室内空气绝对湿度和相对湿度均比露地高。空气湿度过大，加上弱光，易引起植株徒长，影响开花结果，还易发生病害，因此生产中应注意防止空气湿度过大。

（2）空气湿度日变化

白天中午前后温室内气温高，空气相对湿度较小，通常为60%~70%。夜间由于气温的迅速下降，空气相对湿度也随之迅速增高，可达到饱和状态。

（3）局部湿差大

设施容积大，空气湿度及其日变化较小，但局部湿差较大；反之，空气相对湿度不仅易达到饱和，而且日变化剧烈，但局部湿度较小。

（4）植株易于沾湿

空气湿度大，作物表面结露吐水、覆盖物表面水珠下滴及室内产生雾等原因，导致植株表面常常沾湿，易引发多种病害。

4.日光温室的气体条件

（1）二氧化碳

二氧化碳是蔬菜作物光合作用的主要原料。夜间是日光温室二氧化碳积累的过程，植物、土壤微生物呼吸和有机物分解是二氧化碳的主要来源，在大量施用有机肥的温室里，翌日早晨空气中二氧化碳浓度可以达到1 500～2 300微升/升。揭苫后作物开始光合作用，二氧化碳被逐渐消耗，实测表明上午11时左右二氧化碳浓度仍可保持约700微升/升，远高于自然界300微升/升的水平，一般不会出现二氧化碳饥饿，所以施用有机肥充足的日光温室无须补充二氧化碳。

在冬春季光照弱、温度低且有机肥施用量不足的日光温室，在日出后至通风换气前人工补施二氧化碳气肥，浓度为800～1 000微升/升，增产效果十分显著。

（2）有害气体

日光温室里的有害气体主要是氨气、亚硝酸、二氧化硫、乙烯、氯气等，实际上还应包括弱光、低温下的高二氧化碳危害。氨气和亚硝酸气体主要是由于过量施用有机肥、铵态氮肥或尿素而致，乙烯和氯气主要是从不合格的农用塑料制品中挥发出来的。

第二节　设施蔬菜栽培的土壤特性与肥力要求

一、土壤特性

（一）水、气、热状况

1.含水量高

棚室中空气相对湿度一般为90%左右，因而土壤比露地湿润。保护地土壤水分的主要来源是畦沟渗透的灌溉水或随毛管上升的地下水，土壤蒸发损失很少，因此能在较长时间内保持一定的土壤含水量。

2.氧气含量少，二氧化碳浓度相对较大

设施栽培，根系呼吸作用消耗氧气并释放出大量二氧化碳气体，由于棚室密闭致使土壤中氧气浓度相对较小、二氧化碳浓度则相对较大。此外，还有二氧化硫、氨气等一些有害气体存在。

3.温度较高

受温室效应的影响，棚室地温高于露地，冬季可高出$15 \sim 20\,^{\circ}\mathrm{C}$，地膜覆盖地的地温更高，这种增温效果在冬季和早春尤为明显。

（二）土壤理化性质

1.土壤物理状况较好

由于设施栽培一般采用沟灌、滴灌等节水灌溉方式，通过渗透作用而浸湿土壤，避免了大水漫灌或雨水冲积而造成的土壤板结，土壤保持疏松状态，通气性好。此外，地膜覆盖的土壤，还有利于团粒结构的培育，从而改善土壤的物理性质。

2.土壤有机质含量高

设施栽培土壤生物积累量较多，腐殖化作用一般大于矿化物质，而且施用有机肥量大，因此土壤有机质含量多在30克/千克以上，高于露地土壤。

3.土壤表层盐分浓度高

设施土壤具有半封闭的特点，不存在自然降雨对土壤的淋溶作用，土壤中积累的盐分难以下渗。同时，设施内作物生长旺盛，土壤蒸发和作物蒸腾作用均比露地强，盐分被水带到土壤表层，加重了表层土壤盐分的积累。

4.土壤容易酸化

设施蔬菜茬数多，氮肥特别是硫酸铵施用量过大时会引起土壤酸化，不仅影响作物对营养元素的吸收，而且直接危害蔬菜的生长发育。多数蔬菜生长的适宜土壤pH值以6~7.5为宜，介于微酸性至中性之间。

5.土壤微生态环境恶化

设施土壤环境处于高温高湿状态，这种环境既有有利于蔬菜生长的一面，也有不利的一面，如土传病害及虫害易于传播和蔓延，而且很难防治。

6.发生连作障碍

设施栽培品种比较单一，往往不注意轮作换茬，不仅造成土壤养分比例失调，还加重了病虫害的发生。

二、土壤连作障碍及防控措施

（一）土壤连作障碍的表现

连作障碍是指同一种或同一类蔬菜连年种植而导致土壤营养失衡、病虫危害加重、蔬菜产量和品质明显下降的现象。这种现象在蔬菜种植基地最为普遍，不仅发生在同一种蔬菜的连年种植中，甚至还发生在亲缘关系较近的同科作物连年种植中，如辣椒、茄子、番茄等茄科作物连年种植，白菜、萝卜、油菜等十字花科蔬菜连年种植等。其主要表现在以下几个方面。

1.土壤化学性质恶化

由于连年采取同一种农艺措施、施用同一类化肥，尤其是在浅耕、土表施肥、淋溶不充分等情况下，导致土壤结构破坏、肥力衰退、土表盐分积累，加之同一种蔬菜的根系分布范围及深浅一致，吸收的养分相同，极易导致某种养分因长期消耗而缺乏。另外，在设施栽培特定条件下，还易导致土壤酸化，影响作物正常生长和导致品质下降。

2.病虫危害严重

反复种植同类蔬菜作物，土壤和蔬菜的关系相对稳定，使相同病菌、虫卵大量积聚，尤其是土传病害和地下害虫危害严重。

3.土壤生态变差

随着植物根系向土壤中分泌对其生长有害的有毒物质的积累，"自毒"作用被强化，加之土壤酶活性变化，土壤有益菌生长受到抑制，不利于植物生长的微生物数量增加，导致土壤微生物菌群的失衡，影响作物正常生长。

（二）土壤连作障碍防控措施

1.选用抗性品种

选用高抗或多抗的蔬菜品种。

2.嫁接育苗

利用抗性强的砧木进行嫁接育苗，可极大地增强蔬菜抗病性，对土传病害的防治效果达80%～100%，同时还提高了抗寒性、耐热性、耐湿性和吸肥能力，进而提高产量。番茄嫁接育苗可以防治青枯病、褐色根腐病等病害，黄瓜嫁接育苗可以防治枯萎病、疫病等，而且耐低温能力显著增强。嫁接栽培增产效果十分明显，番茄嫁接栽培可增产20%～120.9%，黄瓜嫁接栽培可增产21%～46.8%。

3.合理轮作

（1）水旱轮作

水旱轮作既可防治土壤病害、草害，又可防止土壤酸化、盐化。夏秋种水稻，冬春种蔬菜，种植水稻使土壤长期淹水，既可有效控制土传病害，还可水洗酸、以水淋盐、以水调节微生物群落，防治土壤酸化和盐化。生产实践证明，水旱轮作是克服连作障碍的最佳措施。

（2）旱地轮作

旱地轮作可以防治或减轻蔬菜作物病虫危害，这是因为危害某种蔬菜的病菌，未必危害其他蔬菜。旱地轮作中，粮菜轮作效果最好，亲缘关系越远轮作效果越好。茄果类、瓜类、豆类、十字花科类、葱蒜类等轮流种植，可使病菌失去寄主或改变生活环境，达到减轻或消灭病虫害的目的，同时还改善了土壤结构。

4.土壤消毒

（1）热水消毒

此技术的具体做法是，用85℃以上的热水浇淋土壤，杀灭土壤中的病原菌和害虫及虫卵，这种方法简单有效，而且不改变土壤的理化性质，无任何污染。烧水和浇水专用车在蔬菜地里可大规模使用。

（2）高温闷棚

在设施栽培条件下，高温季节，耕翻土地后，覆盖地膜，密闭设施，使温度达到50℃以上，可以有效地消灭部分土传病害和虫卵。这种方法简便易行，适宜广大种植者使用。

（3）石灰氮消毒

石灰氮可纠正土壤酸化，施用后盐基浓度不上升，还可除草、杀灭病虫害。

（4）土壤消毒药剂

土壤连作障碍的主要表现之一就是土传病害严重，使用药剂进行土壤消毒，可以在一定程度上消除或减弱土壤连作带来的危害。现在市场上土壤消毒药剂主要有恶霉灵、敌磺钠等。

5.合理施肥

（1）合理施用化肥

化学氮肥用量过高，土壤可溶性盐和硝酸盐将明显增加，病虫危害加重，产量降低，品质变劣。因此，在增施有机肥的基础上，合理施用化学肥料，可以在一定程度上减轻连作障碍。

（2）土壤连作障碍增施有机肥

在合理施用化肥的同时，增施有机肥也是减轻蔬菜连作障碍和延缓蔬菜连作障碍发生的措施。增施有机肥可有效改善土壤结构，增强保肥、保水、供肥、透气、调温的功能，增加土壤有机质和提高氮、磷、钾及微量元素含量，提高土壤肥力效能和土壤蓄肥性能，增强土壤对酸碱的缓冲能力，提高难溶性磷酸盐和微量元素的有效性。在土壤营养元素缺乏种类不明确的情况下，大量施用有机肥可以有效地消除连作造成的综合缺素症状。

（3）推广配方施肥

按计划产量和土壤供肥能力，科学计算施肥量，由单一追施氮肥改为复合肥，并注重微肥的施用，基肥中要包括锌、镁、硼、铁、铜等元素。

（4）施用生物肥

施用生物肥可增加土壤中有益微生物，明显改善土壤理化性状，显著提高土壤肥力，增加植物养分的供应量，促进植物生长。

6.灌水淹田

蔬菜采收结束后，需要再次种植蔬菜的田块，利用夏秋多雨季节进行灌溉，将土壤浸泡7~10天，可以有效地降低土壤盐分，杀灭部分蔬菜病菌和害虫。这种方法在蔬菜基地比较适用。

7.改进灌溉技术

设施蔬菜采用膜下滴灌，可以改善土壤的生态环境，提高蔬菜作物的抗病性。

8.施用生物制剂

市场上防治土壤连作障碍的生物制剂较少，主要有重茬剂和恩益碧（NEB）等。这些药剂可促进作物根际有益微生物群落大量繁殖，抑制有害菌生长，减少病菌积累，解决营养失衡和酸碱失调问题，提高根系活力，增强抗性。

三、土壤肥力要求

（一）土壤质地疏松，有机质含量高

菜田土壤腐殖质含量应在3%以上，蓄肥保肥能力强，能及时供给蔬菜不同生长阶段所需的养分。土壤应经常保持水解氮70毫克/千克以上，代换性钾100~150毫克/千克，速效磷60~80毫克/千克，氧化镁150~240毫克/千克，氧化钙0.1%~0.14%，同时含有一定量的微量元素。

（二）土壤保水供水和供氧能力强

蔬菜作物根系需氧量高，土壤含氧量在10%以下时，根系呼吸作用受阻，生长不良，尤其是甘蓝类蔬菜、黄瓜等，在含氧量20%~24%及以上时生长良好。蔬菜作物供食器官含水量高，正常生长要求土壤相对含水量为60%~80%。土壤供水能力和通气性取决于土壤中三相分布，适于栽植蔬菜的孔隙度应达到60%左右。在土壤含水量达到田间最大持水量时，土壤仍要保持15%以上的通气量，深

80厘米土层处应保持10%以上通气量。这样才能保证蔬菜根部正常生长和代谢所需的氧气量。

（三）促进根系生长，提高根系代谢能力

根系在土体中的分布在很大程度上受土壤环境影响，如土壤水分、空气、土壤紧实度、温度等因素都影响根系生长。适宜的土壤容重为1.1～1.3克/立方厘米，当土壤容重达1.5克/立方厘米时根系生长受到抑制。土壤翻耕后，硬度应保持在20～30千克/平方厘米范围之内，才能促进根系生长。根系的呼吸作用、氧化力、酶活性和离子代换力等可作为评价根部代谢强弱的标准，而根系盐基代换量、氧化力、酶活性可作为衡量根系活力的主要标志，一般根系吸收能力与根的盐基代换量呈正相关。蔬菜作物的阳离子代换量均较高，尤其是黄瓜、莴苣、芹菜等蔬菜的代换量更高，因此菜田土壤中必须有足够的钙、镁等盐基含量。

（四）土壤稳温性能好

土壤温度对种子发芽和植株生长有很大影响，多数蔬菜适宜的10厘米地温为13～25℃，在适宜温度范围内，地温偏低有利于生根。土壤温度除了对根系生长有直接影响外，还是土壤中生物化学作用的动力，没有一定热量条件土壤微生物的活动、土壤养分的吸收和释放均不能正常进行。一般好的土壤，其稳温性能较强，低温时降温慢，高温时升温慢。土壤养分含量越高，土壤温度状况对土壤养分有效化和植物吸收营养过程影响越大。这种影响主要通过土壤胶体活性作用来进行。土壤溶液中离子的活性和温度密切相关，温度高离子活性强，低温则弱。因此，在一定温度范围内，温度偏高土壤胶体吸收和保蓄养分能力减弱，即高温时土壤释放养分多，从而增加了土壤溶液浓度；低温时则相反，土壤胶体吸附养分多，因而降低了土壤溶液浓度。好的土壤稳温性能好，使土壤胶体处于较稳定的土壤热状况，吸收和释放养分保持一个适宜的比例，既能满足植物对养分的需求，又不使土壤养分淋溶损失过大。

（五）土壤中不存在有毒物质

一般植物根际土壤含有大量的根分泌物，主要有碳水化合物、有机酸、氨基酸、酶、维生素等有机化合物和一些钙、钾、磷、钠等无机化合物。不同植物的

根际分泌物种类和分泌量不同，二氧化碳占根分泌物中的较大比例，由二氧化碳形成的碳酸是根吸收养分的代换基质。根部分泌的有机、无机化合物等都是天然微生物养分的来源之一，根分泌的各种酶类，积聚在根际周围，对土壤养分转化起重要作用。

第三节 设施栽培环境调控技术

一、光照环境调控

（一）加强管理，改善光照条件

保持透明屋面清洁干净，经常清除灰尘，以增强透光性；适时通风减少结露，以减少光的折射率，提高透光率。在保温前提下，覆盖材料尽可能早揭迟盖，增加光照时间。在阴、雨、雪天也应揭开不透明覆盖物，在确保防寒保温的前提下揭开时间越长越好，以增加散射光的透光率。适当稀植，种植行向以南北行向为好。若是东西行向，则行距要加大。加强植株管理，对黄瓜、番茄等高秧作物适时整枝打杈、吊蔓或插架。进入盛产期时还应及时摘除下部老叶，以免叶片相互遮阴。张挂反光膜。反光膜是指表面镀有铝粉的银色聚酯膜，幅宽1米、厚0.005毫米以上，在早春和秋冬季挂在日光温室距后墙50厘米左右的地方，以改善棚室光照条件，增加室内温度。选用透光率高、防雾滴且持效期长、耐老化性强的优质多功能薄膜、漫反射节能膜、防尘膜、光转换膜。

（二）人工补光

为满足作物光周期的需要，当黑夜过长而影响作物生长发育时应进行人工补光。另外，为了抑制或促进花芽分化，调节开花期，也需要人工补光。这种补充光照要求的光照强度较低，称为低强度补光。北方地区冬季阴雪天气自然光不足，需要补光产生光合作用的能源，这种补光要求光照强度大，补光成本较高，生产中很少采用，主要用于育种、引种和育苗。

（三）遮光

遮光是为了降低温度和减弱保护地内的光照强度。初夏的中午前后，光照过强、温度过高，超过作物光饱和点，对生长发育有影响时应进行遮光；育苗移栽后为了促进缓苗，通常也需要进行遮光，遮光20%～40%能使室内温度下降2～4℃。遮光材料要求有一定的透光率、较高的反射率和较低的吸收率，生产中主要利用覆盖各种遮阳物进行遮光。

二、温度环境调控

（一）保温

把日光温室建成半地下式或适当降低室内高度，以缩小夜间保护设施的散热面积，利于提高室内气温和地温。设置防寒沟。在棚室前沿外侧挖深60～120厘米、宽30～40厘米的地沟，沟四周铺上旧薄膜，沟内填柴草、锯末、碎秸秆等导热率低的材料，沟顶部覆盖15厘米厚的土层并踩实，可减少横向热量传导损失。增加防寒层。即采用多层覆盖，可在温室内设置保温幕及小拱棚。在保温被和棚膜之间覆盖一层旧棚膜，可以使棚室温度提高4～5℃。如果是育苗的小棚，还可以在距苗床高1米处扎小拱棚。覆盖保温被，主要有针刺毡保温被、腈纶棉保温被、泡沫保温被、混凝土保温被，有的地方仍然采用草苫覆盖保温。减少通风换气量，可以减少棚室内的热量散失，达到保温效果。采用高垄覆膜栽培，多施有机肥，有机肥在分解过程中释放大量热量，可提高室内温度。尽量用温室内预热的水浇灌，阴天或夜间不浇水。

（二）增温

1.热水采暖（暖气）

热水采暖系统由热水锅炉、供热管道、散热器3部分组成。热水采暖系统运行可靠，温室内热稳性好，即使性能系统发生故障临时停止供暖，2小时内也不会对作物造成大的影响，是温室常用的增温方式。

2.热风采暖

热风增温系统由热源、空气换热器、风机和送风管道等组成。热源可以是燃煤、燃油装置或电加热器，也可以是热气或水蒸气。热风加热的优点是温度分布均匀，热惰性小，易于实现温度调节，设备投资少；缺点是运行费用和耗电量高于热水采暖。

3.电热采暖

除用电加热热风增温外，也可用电加热直接采暖。该法清洁、方便，但费用较高，在试验温室中较少使用，生产中应用较少。另一种电加热方式是采用电热线提高地温，应用于需热量少、无其他热源的南方地区，低温季节育苗采用较多。

4.火道加温

火道加温是一种最简便的采暖方式，投资少，建造方便，是农户经常采用的增温措施。在温室内墙留下火道，发生寒害时以秸秆、柴草和树叶等为燃料加热墙体，可使日光温室升温8～9℃。

5.临时加温

遇寒流等恶劣天气，室内夜间温度低于6℃时需进行临时加温。可采用电炉、电暖气、浴霸增温加光灯等进行电加温，也可采用由酒精或其他醇类燃料作为热源的"温室大棚增温器"。酒精燃烧成本较低，而且燃烧过程中基本不产生有毒气体。

（三）降温

1.通风换气降温

自然通风换气是棚室内降温的最简单途径。大型日光温室因容积大，在温度过高、依靠自然通风不能满足蔬菜生育要求时，必须利用风机强制通风降温。

2.遮光降温

一般遮光20%～30%时室温可降低4～6℃。在距棚室屋顶部约40厘米处张挂遮光幕，降温效果较好。遮光幕的质地以温度辐射率越小越好。考虑到塑料制品的耐候性，一般将塑料遮阳网做成黑色或墨绿色，也有的做成银灰色。温室内用的白色无纺布保温幕，也可兼作遮光幕用，可降温2～3℃。

3.屋面流水降温

流水层可吸收投射到屋面的太阳辐射的8%左右，并能用水吸热来冷却屋面，室温可降低3～4℃。采用此方法时需考虑安装费和清除棚室表面的水垢的污染问题，水质硬的地区还需对水进行软化处理。

4.喷雾降温

通过喷雾使空气先经过水的蒸发而冷却降温，然后送入室内，以达到棚室降温的目的。细雾降温法在室内高处喷以直径小于0.05毫米的浮游性细雾，用强制通风气流使细雾蒸发而达到全室均匀降温。屋顶喷雾法在整个屋顶外面不断喷雾湿润，使屋面下冷却了的空气向下对流。

三、空气湿度调控

（一）除湿

1.通风换气除湿

密闭设施是高湿的主要原因，不加温时通风降湿效果显著。一般采用自然通风，通过调节通风口大小、时间长短和通风口位置，达到降低室内湿度的目的。有条件的可采用强制通风，操作时由风机功率和通风时间计算出通风量，便于控制湿度。

2.加温除湿

湿度控制既要考虑作物的同化作用，又要注意病害发生和消长的临界湿度。保持叶片表面不结露，即可有效控制病害的发生和发展。

3.覆盖地膜

覆盖地膜可缓解由于地表蒸发所导致的空气湿度升高的问题。据试验，覆膜前夜间空气相对湿度高达95%～100%，覆膜后则下降至75%～80%。

4.科学灌水

根据作物需要补充水分，采用滴灌或地下灌溉，灌水应在晴天的上午进行，或采取膜下灌溉。

（二）提湿

灌水、喷水或减少通风量均可提高棚内湿度，一般在移苗、嫁接和定植时进行提湿。为了防止幼苗失水萎蔫，用薄膜和小拱棚可保持较高的空气湿度。

（三）加湿

大型温室在高温季节也会遇到高温、干燥、空气湿度过低的问题，可采取喷雾加湿、湿帘加湿等措施。

四、气体环境调控

（一）二氧化碳气体调控

1.二氧化碳施肥方法

（1）化学反应法

采用碳酸盐与盐酸反应产生二氧化碳。方法是准备一批塑料桶或瓷缸、瓷盆等容器，每个棚室等距离放8~10个容器。然后配制硫酸，一般将1份98%浓硫酸慢慢倒入3份水中，并缓缓搅动至常温备用。注意不可将水倒入硫酸中，以免造成伤人事故。把碳酸盐均匀地倒入容器中，便可发生化学反应而产生二氧化碳。该方法较费工，且二氧化碳浓度不易控制；但取材方便，成本低，被广泛应用。

（2）燃烧法

燃烧物质可以是煤和焦炭、天然气或液化石油气等。在建有沼气池的地方，燃烧沼气既可以增加室内二氧化碳浓度，又可提高室内温度。

（3）施用成品二氧化碳

液态二氧化碳为酒精工业的副产品，经压缩装在钢瓶内，可直接在设施内释放，容易控制用量，肥源较多；固态二氧化碳即干冰，放在容器内，任其扩散，可起到施肥的效果，但成本较高，且易产生低温危害，适合于小面积试验用。

2.二氧化碳施肥时间

二氧化碳施肥必须在一定的光强和温度条件下进行，即在其他条件适宜，只是二氧化碳不足影响光合作用时施用。一般在上午揭苫30~40分钟后进行，阴天可适当推后且用量减半，雨雪天不施用二氧化碳气肥。

（二）预防有害气体

合理施肥，施用完全腐熟有机肥；不施用挥发性强的肥料；施肥要做到基肥为主、追肥为辅；追肥要做到少量多次，穴施和深施；施肥后覆土、浇水，并进行通风换气。应根据天气情况，及时通风换气，排出有害气体。选用厂家信誉好、质量优的农膜、地膜进行设施栽培。加温炉体和烟道设计要合理，保密性要好。选用含硫低的优质燃料进行加温。

第三章　特色水果高产栽培新技术

第一节　苗木繁育技术

建立果园要本着"自采、自育、自栽"的原则，按标准选择苗圃地，就近培育果树苗木。这样既能增强苗木在当地的适应性，提高栽培成活率，加快建园速度，又能节约人力物力，降低生产成本。

一、有性繁殖技术

苗圃地选择。苗圃地选择要适地适树，做到三要：一要交通方便；二要环境条件适宜、无污染；三要土壤肥沃疏松。

种子采集、调制和储藏：采种用的果实一般都应在充分成熟后采收；加工、调制过程中应特别注意防止高温对种子的伤害；多数果树的种子宜在低温、通风、干燥的条件下储藏，特殊树种如樱桃、板栗等，因怕失水而降低发芽率，采后应及时沙藏。

种子生命力测定：有目测法、染色法、发芽试验法。

种子播前处理：有机械破皮法、化学处理法、清水浸种、层积处理、催芽、种子消毒等措施。

播种技术：要掌握好播种量、播种方法、播种深度等要领。

播后管理：掌握出苗期及时揭去覆盖物、间苗移栽、中耕除草、适当施肥灌水等管理措施。

二、嫁接技术

将一植株上的枝或芽移接到另一植株的枝干或根上，使其形成层对应愈合形成一个新植株的技术，称为嫁接技术。用于嫁接的枝或芽称为接穗或接芽；承受接穗的部分称为砧木。在接穗和砧木的形成层紧密结合的情况下，形成层分生出新韧皮部和木质部，形成新的输导组织、新的周皮，愈合成新的植株。嫁接繁殖主要是为了保持栽培品种的优良经济性状，提早结果，利用砧木的环境适应性，扩大栽培区域，提高抗病虫免疫力等；同时利用砧木调节树势，使果树矮化或乔化，加快新品种的推广应用。

（一）影响嫁接成活的因素

砧穗亲和力，指砧穗内部组织结构、生理和遗传特性等方面差异的大小，即差异小则亲和力强，差异大则亲和力弱，嫁接成活率小。

砧穗质量好指砧木和接穗组织活力强、储藏营养多，嫁接易于成活。

嫁接时的环境条件，天气温度以20～28℃为宜。愈伤组织的形成需要一定湿度，但不能浸入水中。某些树种的愈伤组织形成需要一定的氧气，如葡萄硬枝嫁接时，接口应疏松绑扎，不需涂蜡。光线对愈伤组织形成起抑制作用，嫁接苗圃在强光下要做庇荫处理。

嫁接技术掌握的熟练程度，嫁接时动作要快、削面平整、形成层对接准确、绑扎较紧。

某些树种受单宁、伤流和树胶影响，如柿树、核桃等树种在嫁接时在刀口上要涂酒精，动作要快，绑扎要紧，以防伤流，影响成活率。

（二）砧木的选择与接穗采集和储运

砧木与接穗亲和力要强，适应性、抗逆性强，对接穗生长无不良影响。接穗品种优良、长势旺盛，选择无病虫侵害、无检疫对象、枝条健壮充实、叶片成熟、芽眼饱满的一年生或多年生枝条作接穗。接穗的储藏，结合冬季整形修剪枝条，修整成捆，挂上标签，可用深沟湿沙储藏，或放入气调库储藏。接穗距离较远，必须采取封蜡保湿、通气、保温的运输方式。

（三）嫁接时期选择

芽接可在春、夏、秋三季进行，一般以夏秋嫁接为主，落叶果树在7~9月进行。当砧木和接穗都未离皮时采用嵌芽接法。枝接一般在早春树液开始流动，芽未萌动时为宜。北方落叶树在3月下旬至5月上旬，南方落叶树在2~4月进行，北方落叶树在夏季也可用嫩枝嫁接。

（四）嫁接的方法

有"T"字形芽接、带木质芽接、方块形芽接、套芽接、切接、劈接、插皮接、腹接、桥接、根接等方法。

三、扦插、压条及分株技术

（一）扦插的种类及方法

扦插分硬枝扦插和嫩枝扦插。根插，利用根上能形成不定芽的能力扦插繁殖苗木，用于扦插不易生根的树种。

（二）影响扦插生根的因素

不同树种和品种，因其生理特性不同，生根能力有强弱之分，较易生根的果树有石榴、葡萄、樱桃、无花果等，较难生根的果树有桃、山楂、梨等，极难生根的果树有核桃、板栗、柿树等。

树龄、枝龄和枝条的部位。一般情况下，树龄越大，插条生根越难。插条的年龄以一年生枝条的再生能力最强，一般枝龄越小的扦插越容易成活。以一个枝条不同部位剪截的插条，其生根情况也不一样。常绿树种春、夏、秋、冬四季可插，落叶树种夏、秋扦插，以树体中上部枝条为宜，冬、春扦插以枝条中下部为好。

枝条的发育状况。组织充实的枝条，营养物质比较丰富的枝条容易成活，生长也较好。嫩枝扦插应在插条刚开始木质化即半木质化时进行。硬枝扦插多在秋末冬初，营养状况较好的情况下采枝条。

储藏营养。枝条中储藏营养物质的含量和组成，与生根难易密切相关。枝条碳水化合物越多，生根就越容易，因为生根和发芽都需要营养。如在葡萄插条中淀粉含量高的发芽率达63%，中等含量的为35%，含量低的仅有17%。枝条中的含氮量过高影响生根多少，低氮可增加生根数，而缺氮就会抑制生根。硼对插条的生根和根系的生长有良好的促进作用，应对插条的母株补充适量的硼肥。

激素。生长素和维生素对根的生长有促进作用。

插穗的叶面积有利于生根。插条未生根前叶面积和生根后不同，叶面在生根前后要平衡光合作用。一般留2～4片叶，大叶树要将叶片剪去一半或多半。

环境条件影响。如温度、湿度、光照、土、肥、水、气等环境因素对扦插生根都有较大的影响。

（三）扦插技术

插条的储藏。选择良好沙壤土挖沟或建窖以湿沙储藏，短期储藏置于阴凉处用湿沙埋藏。

扦插时期，因树种不同而异：一般硬枝扦插在3月，嫩枝扦插在6～8月。

扦插方式。一是露地扦插有畦扦和垄插；二是全光照迷雾扦插。采用先进的自动间歇喷雾装置，于植物生长季节，在室外带叶嫩枝扦插，使插条的光合作用与生根同时进行，由叶片供给营养，满足生根与生长需要，从而提高扦插的生根率和成活率，尤其是对难生根的果树而言效果明显。

插床基质。易于生根的树种如葡萄等对基质要求不严格，一般壤土即可。生根慢的树种及嫩枝扦插，对基质有严格的要求。常用蛭石、珍珠岩、泥炭、河沙、苔藓、林下腐殖土、炉渣灰、火山灰、木炭粉等。

插条的剪截。在扦插繁殖中，插条剪截的长短对成活率及生长率有一定的作用。落叶果树一般枝长15～20厘米。插条的切口下端可剪削成双面楔形或单面马耳朵形，或者平剪。一般要求靠近节部，剪口整齐，不带毛刺。还要注意插条的上下方向，上下切勿颠倒。

扦插深度与角度。扦插深度要适宜，露地硬枝扦插不宜过深，因地温低，氧气供应不足；过浅易使插条失水。一般硬枝春插时，上顶芽与地面持平，夏插或盐碱地扦插要使顶芽露出地表；干旱地区扦插时，插条顶芽与地面持平或稍低于地面。嫩枝扦插时，插条插入基质中1/3或1/2处。扦插角度一般为直插，插条若较长，可斜插，但角度不得超过45°。

插后管理。扦插后，从插条下部生根、上部发芽、展叶，到新生的扦插苗能独立生长时为成活期。这一阶段的关键是水分管理，尤其是绿叶扦插最好有喷雾条件。苗圃地扦插要灌足底水，成活时根据墒情及时补水。浇水后及时中耕松土。插后盖膜是一项有效的保水措施，同时追肥。在苗木木质化时要停止浇水施肥，以免苗木徒长。

（四）压条繁育

压条方法有直立压条、曲枝压条和空中压条。

直立压条又称垂直压条或培土压条。第一年春天，按2米行距开沟做垄，沟深、宽均为30~40厘米，垄高30~50厘米。定植当年长势较弱、粗度不足时可不进行培土压条。第一二年春天，腋芽萌动前或开始萌动时，母树上的枝条留约2厘米剪截，促使基部发生萌蘖。当新梢长到15~20厘米时，进行第一次培土，培土高度约10厘米，宽约25厘米。培土前要先灌水，并在行间撒施有机肥和磷肥。培土时对过于密集的萌蘖新梢进行适当分散，使之通风透光。培土后注意保持土堆湿润。约1个月后新梢长到40厘米时第二次培土，培土高约20厘米，宽约40厘米。一般培土后约20天生根。入冬前即可分株起苗。起苗时先扒开土堆。从每根萌蘖基部靠近母株处，留2厘米短桩剪截，未生根萌蘖梢也同时短截，起苗后盖土。次年扒开培土，继续进行繁殖。直立压条法，培土简单，建圃初期繁殖系数较低，以后随母株年龄的增长，繁殖系数会相应提高。

曲枝压条。就是将其优良枝条弯曲地埋入土中而使其生根繁殖的方法。如葡萄、猕猴桃、苹果、梨、树莓、樱桃等果树可用此法繁殖。曲枝压条分普通压条、水平压条和先端压条。

空中压条。就是在树枝上选择优良母枝，在其下部选择有芽眼的下方1厘米处进行环剥，涂上生根激素，然后用营养土球包紧，待其生根壮大后分离成单独植株。

（五）分株繁殖

分株繁殖就是利用母株营养器官在自然条件下生根后，切离母株形成新株的无性繁殖方法。如草莓、树莓等草本植物或半木质化灌丛植物，可以分株育苗。

匍匐茎分株法：匍匐于地面的茎称为匍匐茎。

根蘖分株法：就是利用根系容易长出根蘖苗的果树，进行分株繁殖的方法。在果树休眠期或发芽期，将母树树冠外围部分的根切断或造成创伤，诱发根蘖苗，然后施入肥水促长，培养到秋季或次年春季，进行分离栽植。

四、脱毒苗的培育

脱毒苗又称无病毒苗。果树受病毒侵害使果实失去原有特性和经济价值，树叶出现皱缩变形，果实变小，产量下降，严重时引起果树大面积死亡。随着科技进步和新科技推广，可以采用植物小茎尖组织以及热处理等先进技术繁殖无病毒苗木。

（一）组织培养

组织培养就是取其植物茎尖、花药或叶片组织进行植株培养的方法，简称为组培。

取种苗培养体。从母枝上取其茎尖分生组织作为外植体，小于0.3毫米时可得到脱毒苗，用70%酒精漂洗一下，用0.1%新洁尔灭浸泡15～20分钟，再用1%过氧乙酸泡2～5分钟，然后移到超净台上操作。

接种。就是在超净台上用无菌水冲洗3次，置于双筒解剖镜下进行剥离，挑出生长点，放入事先做好的培养基中。

继代培养。为增加无病毒苗的再生植株培养成活率，可以进行数次继代培养，待茎、叶分化长满瓶后即可分成数株，于新鲜培养基瓶内加以培养。于早春1～2月集中一批试管苗，诱导发根，使其下一步移栽的整齐度高，秋季再行第二批发根。

试管苗温室驯化阶段。发根的试管苗移至15℃～20℃，80%～100%空气湿度的温室中栽培，待苗长出5～6片叶时为止，此段时间需2～3个月，这就是无病毒原种苗。将无病毒原种苗移到大田栽培，就是无公害生态造林。

（二）热处理小茎尖组培取材，经过热处理脱毒效果更佳

其原理是：高温下植物细胞继续生长而病毒钝化不能生长。当置于35℃～40℃的高温下持续1个多月后，病毒自然消失。热处理方法：将试材放于35℃温箱中，温度每天升高1℃，1周后达38℃，处理1～2个月，不同类型的病毒，处理时间不同。通常枝芽均可进行热处理，其无病毒芽多生长在枝条顶端

20～30厘米的第4至第8个芽中。为获得无病毒的枝条，时间为期5周，并在特制的房间内进行不同浊度的处理，要求人工或自然光照达6 000勒克斯，相对湿度50%～90%。

第二节　土肥水与花果管理技术

一、土肥水管理技术

（一）土壤管理

土壤管理，就是指果园采用适宜多种土壤的耕作制度和措施。重点是提高土壤肥力，即提高有机质含量，实现保水保肥的功能目标。主要工作包括深翻土壤、增施有机肥、翻压绿肥以及培土、掺沙等措施。

1.土壤深翻

（1）果园土壤深翻的作用

深翻改善土壤的理化性状，增加土壤孔隙度；增加空气和水分含量，增加土壤微生物含量；深翻土壤加深其耕作层，为根系生长创造条件，促使根系向纵深发育，为果树输送充足的水分和营养，促进果树丰产。

（2）深翻时期

果园深翻的最佳时期是秋季，宜在早秋进行。一般在果实采收后与秋施基肥结合进行。深翻后正值根系生长高峰期，同时结合灌水，有利于土壤疏松，根系生长。

（3）翻土深度

一般翻土深度40～60厘米，即根系分布层。按其果园土质理化结构和树形高矮不同，因地、因树地确定翻土深度。

2.培土与掺沙

（1）培土与掺沙的作用

培土具有增厚土层、保护根系、增加养分、改良土壤结构等作用。沙地果园，培土有防风固沙的作用。掺沙，一般在黏性重的土壤中掺沙，能增加土壤通气性。

（2）培土与掺沙的时期

北方温带地区一般在晚秋或初冬进行，能起到保温防冻、保墒的作用。

（3）培土与掺沙的厚度与注意事项

培土厚度要适宜，过薄起不到培土的作用，过厚对果树根系生长不利。在压土时，为防止接穗生根和对根系的不良影响，应露出根颈。

3.土壤增施有机肥

（1）肥料种类

常用有机肥料有人粪尿、厩肥、绿肥、堆肥、畜禽粪等农家肥料。

（2）土壤增施有机肥的作用

有机肥料既供给果树所需营养元素和某些生理活性物质，还能增加土壤腐殖质。同时可以改善土壤结构，增加孔隙度，调节黏土疏松度，提高土壤的保水保肥能力，调节土壤酸碱度，从而改善土壤的水、肥、气、热状况。

（3）有机肥料的特点

一是有机肥分解缓慢，能在果树生长期持续发挥肥效作用；二是施入有机肥后土壤溶液浓度比较稳定，没有忽高忽低的急剧变化，特别是在大雨和灌水后不会发生养分流失；三是可以缓和施用化肥后的不良反应，可提高化肥的肥效。

（4）土壤增施有机肥施用时期

视不同肥种而定。一般绿肥多在夏季施用，其他有机肥料多在秋季施用。

4.应用土壤结构改良剂

近年来，世界上不少发达国家运用土壤结构改良剂，以提高土壤肥力，使沙漠变良田。土壤结构改良剂的作用就是改良土壤理化性状及生物活性，可保护根系，防止水土流失，提高土壤透水性，减少地面径流，调节土壤酸碱度等。

土壤结构改良剂分有机、无机和混合剂3种。

5.成年果园土壤管理技术和方法

（1）清除法

清除法一般在秋季深耕，春夏季进行多次中耕，使土壤保持疏松通气，促进微生物繁殖和有机物分解，短期内可显著地增加土壤有机态氮素。耕翻松土，能起到除草、保持水土的作用。

（2）生草法

它是在果园树林行间播种禾本科或豆科等草本植物的管理方法。生草法限在土壤水分条件较好的果园中采用。选择此法，应用优良草种，关键时期要补充肥水，控制生草高度。生草法具有调节果园生态小气候，增加有机质，疏理土壤的作用。

（3）覆盖法

就是在果树下覆盖秸秆、淤泥、湖沙、杂草、地膜等覆盖物的管理方法。果园以覆草最为普遍，效果最好，覆草厚度10～15厘米，待秋冬季翻耕时埋入土中，达到增加有机质、疏松土壤，改善和协调土壤的水、肥、气、热条件，从而提高土壤的肥力的目的。

（4）免耕法

免耕法是用除草剂进行果园除草，不对土壤进行深翻的方法。主要使用的除草剂有草甘膦等。

（二）果园施肥

营养是果树生长与结果的物质基础。施肥就是供给果树生长发育所必需的营养元素，并不断改善土壤的理化性状，给果树生长发育状况创造良好的条件。科学施肥是保证果树早产、丰产、稳产和产品优质的重要措施。因此，在促进果树生长、花芽分化和果实发育时，应首先供给其主要组成物质和碳水化合物，同时注意供给土壤微量元素。

1.果园肥料种类

（1）有机肥料

有机肥料又称农家肥料。一般有机肥料分解慢，肥效长，养分不易流失。由于含有丰富的有机质，施入土壤后能改善果树的二氧化碳营养供应情况，调节土壤中的微生物活性。有机肥种类多、来源广、数量大，如厩肥、粪肥、饼肥、泥肥、堆肥、绿肥、土杂肥等，其中以猪圈肥、人粪尿、禽肥、堆肥和绿肥最多。

（2）无机肥

无机肥又称矿物质肥料，是由矿石加工而成。其特性有：

①养分含量较高，肥效显著，一般3~5天即可见效；

②营养成分比较单一，仅含一种或几种主要营养元素，经常单施，会造成植物营养不平衡，产生生理病害，因此要配合有机肥料施用。

2.果园肥料施肥时间

基肥以有机肥料为主，是较长期供给果树多种养分的基础肥料，如腐殖酸类肥料、堆肥、厩肥、圈肥、粪肥以及作物秸秆、杂草、枝叶等。基肥以秋施为主。早熟品种在果实采收后，中晚熟品种在采收前，宜早不宜迟。是果树根系第二次或第三次生长高峰，伤根容易愈合，起到根系修剪的作用，促进新根生长。施时加入适量速效氮肥，则效果更好。秋季早施基肥，可以提高花芽质量，为来年多结果做好准备，并增强果树越冬抗寒能力。寒冷地区果树落叶后至土壤结冻前施基肥，因地温降低，伤根不易愈合，且不发新根，肥料也较难分解，效果不如秋施；春施基肥，肥效发挥较慢，常常不能满足早春根系生长需要，到后期往往导致枝梢再次生长，影响花芽和果实发育。我国地域辽阔，果树种类繁多，因此，基肥施用时间要因地、因树而异。

3.果园施肥方法

（1）土壤施肥

果树施肥有5种形式。一是环状施肥，又称轮状施肥。在果树树冠投影外，挖一环状沟，深约40厘米，将肥料施入沟内，与土混合，覆土至原状。二是深穴施肥，在果树树冠外围的不同方向挖4~6穴，穴深40厘米，将肥料施入穴内，与土拌和，覆土至原状。三是放射沟施肥，在果树树冠外围的不同方向呈放射状挖沟，距主干1~1.5米，沟深15~40厘米，放射施肥沟的数量依施肥量而定，将肥料施入沟内，与土混合，覆土至原状。四是条状沟施肥，在果树行间、株间或隔行果树树冠外围，开条状施肥沟，沟深30~40厘米，将肥料施入盖土。五是灌溉施肥，即水肥一体化，多用速效性肥料，以喷灌、滴灌方式施肥。

（2）果园叶面施肥

又称根外施肥。将化肥按需要浓度溶解于水，用喷雾器喷洒在叶面上的方法。叶面施肥果树吸收快，经15分钟至2小时即可吸收。注意控制药水浓度，防止造成药害。

（三）果园灌溉与排水

1.果园灌水

（1）水对果树生长的作用和意义

水是果树健壮生长、丰产稳产、营养优质的主要因素。水是果树生长的命脉，是果树器官和重量的重要组成成分；水是果树光合作用的主要原料，水又是光合作用产物分配运输的介质，细胞生命活动的命脉；水对果园土壤、气候以及大环境条件有良好的调节作用。果树需水的主要表现是蒸腾作用。根系吸收的95%的水分消耗于蒸腾，蒸腾作用所产生的蒸腾拉力不仅能促进根系吸收，而且能促进水分在植物体的全身运动，是促进植物生命发育的动力和源泉。果树蒸腾强度反映了需水量的大小。4～9月，苹果树平均蒸腾强度为175克，梨树为160克，杏为148克。休眠期蒸腾作用仍在进行，冬季果树在每天的蒸腾消耗为原有水分重量的约1.5%。所以，果树灌水是一项非常重要的生产措施和技术工程。

（2）果园灌水时间

果园灌水时间因果树在一年中的需水情况、气候变化及土壤水分变化的规律而不同。多数果树在萌芽、开花和新梢生长期需水较多，在新梢迅速生长期和果实膨大期需水量最多。生长后期需水量较少，果实成熟前水分也不能过多，不然会影响果实品质，降低口感和储藏性。休眠期仍需一定水分保墒，水分不足会引起抽条或冻害。

丰产果园的灌水时间如下。发芽前后到开花前，称花前水。以满足果树萌芽、开花、新梢生长和坐果时对水分的大量需求为关键。花后幼果膨大期，称花后水。一般在花后15天至生理落果前进行。这个时段中，树体功能最强，对根系吸收的水分和养分最敏感，若是水分不足，枝叶生长势头立即减弱，会引起大量落果，降低产量，引起树势衰退。所以这个时期是果树需水的临界期。此时及时灌水可促进新梢和叶片生长，扩大同化面积，增强光合作用，提高坐果率和增大果实，对后期的花芽分化也有良好的促进作用。特别是落花落果较重的树种和品种，对其维持花后适宜而稳定的湿度有很大作用，是提高坐果率的有效措施。果实生长中、后期，即6～8月，是多数落叶果树的果实膨大期和花芽大量分化期，需水较多。果实采收前后到土壤结冻前，此时，结合施基肥并视天气情况进行灌水。北方在土壤封冻前要灌一次封冻水，是为了保证果树冬季对水分的需要，而且能防止冬季和早春的冻害。

（3）灌水方法

好的灌水方法，以达到节约用水、促进果树生长发育、优质高产、减少土壤侵蚀和提高劳动效率为原则。

生产上最常用的方法如下。树盘灌水，适用于幼年果树。以树干为中心，在树冠外围做好树盘埂，引水灌入树盘内。树行灌水，适于密植果园。在整个树行上做一大畦，畦宽大于树冠，随着树龄增大畦宽要随其扩大。多用于土地平坦、水量较大的果园。沟灌，在行间开沟，深25～30厘米，引水灌入沟内，由沟底、沟壁渗入土中。密植园可每行开一条沟，灌水后将沟填平。沟灌是一种最合理的方法。优点是能使全园土壤湿润均匀，水分损失少，有利土壤通透湿润，防止板结，便于机械操作。环状沟灌，就是在树冠外围开环状沟灌水，灌后填平。此法湿润均匀，避免土壤板结，节约用水，但湿润范围较小，适于幼龄果园灌水采用。穴灌，就是在树冠外围不同方向挖直径30～40厘米、深40～60厘米的穴，将水灌满穴即可。穴的数量以果树大小而定，一般4～12个。此法用水经济，适宜水源缺少的果园采用。喷灌，也称人工降雨，是一人工设施工程，由水源、动力、水泵、输水管道和喷头组成的半自动化灌溉方法。可以结合叶面施肥、喷药防治病虫害。具有省水、省工、防止土壤次生盐渍化、降低夏季高温，调节小气候，增加果实着色，提高品质等优点。滴灌，它是由水源、动力、水泵过滤器、压力调节阀、流量调节器、输水管道和滴头等部分组成的机械自动化灌喷方法。滴水次数和水量因土壤水分和果树需水状况而定。春旱、秋旱时可天天滴灌，一般情况下2～3天滴灌1次。每次滴灌3～6小时，每个滴头每小时滴水2升。滴灌具有特别省水、较树盘灌水节约60%～70%、灌水及时、水分状况稳定、不使土壤板结、增产突出等优点。树盘积雪，对于春季干旱又缺水源而无灌溉条件的果园，可以利用冬季积雪的办法，增加土壤水分。

（4）果树灌水量

果树灌水量涉及因素很多，有树种、品种、树龄、树冠、土质、土壤湿度、灌水方式和时间等。一般原则是：适宜的灌水量，应要求在一次灌溉中，使水分能达到主要根系分布层，能达到田间最大持水量的60%～80%。

2.果园排水

（1）排水不良对果树的危害

排水不良的果园，首先是果树呼吸系统受到抑制。根系吸收作用是果树吸收养分和水分进行生长的命脉，当土壤中水分过多缺乏空气时，致使根系处于无氧呼吸状态，引起根系生长衰退，以致死亡。其次是造成土壤板结，通气不良，妨碍微生物活动，特别是抑制好气性细菌的活动，从而降低土壤肥力。在黏土中大量施用硫酸铵等化肥或未腐熟的有机肥后，如遇土壤排水不良，由于这些肥料进行无氧分解，使土中积累一氧化碳或甲烷、硫化氢等有害物质而影响果树生长。

（2）排水时间

一次降雨过大造成果园积水成涝，应挖明沟及时排水；雨季时地下水位高于果树根系分布层，应设法挖深沟排水，排水沟应低于根系分布层的地下水位，避免根系受害；在根系分布层下有不透水层时，由于黏土孔隙度小，透水性差，易积涝成灾害，必须建好排水设施；土壤含盐量高，会随水的上升而到达表层，若经常积水，果园地表水分不断蒸发，下层水不断补充，造成土壤次生盐渍化，因此，必须利用灌水淋洗，使盐分向下层渗漏，顺沟排出园外。

（3）排水系统

一般平地果园排水系统，分明沟排水和暗沟排水两种。

二、花果管理技术

花果管理，就是对花果数量和质量的管理。果树生产，只重视数量而忽视质量，只重视质量而忽视数量的片面做法都是不正确的。为了实现特色水果的无公害绿色生产的目标，必须进行保花保果和疏花疏果工作。

（一）疏花疏果的作用和意义

1.果树稳产的基础

果树花芽分化和果实生长往往是同时进行的，当营养条件充足或花果负载量适当时，既可促进花芽分化，又可保证果实丰满；而营养不足或花果过多时，则营养供应与消耗存在竞争，过多的果实能抑制花芽分化，易削弱树势，造成大小年结果现象，导致果实偏小、着色不良、含糖量降低、风味变淡，就会严重影响果实的品质。因此，合理疏花疏果可以调节生长与结果的关系，从而达到连年稳产高产的效果。不然，即使肥水充足，因受根和叶的功能及激素水平的限制，坐果过多，就会导致大小年，避免不了结果过多的不良影响。

2.提高坐果率

疏花疏果的实施，减少了养分的无效耗费，减少了养分消耗竞争而出现的幼果自疏现象，并减少了无效花，增加有效花比例，从而提高果树坐果率。

3.提高果实品质

由于减少了结果数量，保证了留下果实的营养丰富，整齐度增加。同时，疏果疏掉了病虫果、畸形果和残次小果，从而提高了好果率。

4.促进树体健壮

开花坐果过多，消耗的树体营养就多，使其叶果比减小，树体的养分制造和积累效能下降，导致树体营养耗散不良。疏去多余果实能提高树体营养水平，有利于根、茎、叶、枝的生长，促进树体健壮。

（二）花果数量的调节

1.花果管理目标

一是要保证充足而优质的花果量，为花果选留和适宜分布打好基础；二是要合理负载，在保证质量的前提下，提高单位面积产量；三是要保证果实的正常发育，形成达标的外观和内在品质；四是要保证果实的安全营养性达到国家规定的标准。

2.合理确定果实负载量

一是要保证当年果实数量、质量及最好的经济效益，前提是要熟知该品种的果实大小，这是花果管理的关键；二是要不影响下一年花芽形成的数量和质量；三是要维持当年的树势及具有较高的储藏营养水平。

3.落花落果的原因

（1）造成落花的原因

树体储藏养分不足，花器官败育，花芽质量差；花期遇到不良气候条件，如霜冻、低温、阴雨及干热风等；生理不良和自然因素，导致花朵不能完成正常的授粉授精而脱落。

（2）造成落果的原因

前期落果主要由于授粉授精不良，子房所产生的激素不足，不能以足够的营养促进子房继续膨大；6月落果主要原因是树体同化营养不足、器官发育不良、形成果实生长营养不良；采前落果主要与树种、品种的遗传性有关。另外，土壤干湿失调、病虫害等也可引起果实脱落。

（三）提高坐果率的措施

1.加强综合管理，提高树体营养水平

良好的肥水管理条件、合理的树体结构，及时防治病虫害，是保证果树正常生长发育，增加养分积累，改善花器发育状态，提高坐果率的基础措施。

2.创造良好的授粉条件

对异花授粉品种，应合理配植授粉树，并采取以下措施，增强授粉效果，提高坐果率。

（1）人工授粉

在缺乏授粉品种或花期天气不好时，应进行人工授粉，具体方法有：蕾期授粉，在花前2~3天，可用花蕾授粉器进行花蕾授粉，将喷嘴插入花瓣缝中喷入花粉，花蕾授粉对防治花腐病有效；开花授粉，分人工点授、机械喷粉、液体授粉和掸子授粉4种形式。

（2）花期放蜂

大多数果树为虫媒花，花期放蜂对提高坐果率有明显作用，一般可提高坐果率约20%。通常每亩放蜂1箱。放蜂期间果园切忌喷农药，阴雨天气影响放蜂授粉效果。

3.喷施生长调节剂和矿物质元素

落花落果的直接原因是果柄离层的形成，而离层形成与内源激素不足有关。同时，外界环境条件如光照、温度、湿度、环境污染等因素都能引起果树基部产生离层而脱落。应用生长调节剂，可以弥补内源激素的不足，调节不同激素间的平衡关系，从而提高坐果率。在生理落果和采收前是生长素最缺乏的时期，这时喷洒生长调节剂，可防止果树产生离层，减少落果。生长调节剂的种类、用量、使用时间等，应根据具体条件和对象选择。生长调节剂主要有赤霉素、萘乙酸、吲哚乙酸、脱落酸、多效唑等。用于喷施的矿物质元素主要有硼酸、硼酸钠、硫酸锰、硫酸锌、钼酸钠等。

4.高接授粉花枝或挂罐插花枝

当授粉果树品种缺少或不足时，可在树冠内高接带有花芽的授粉品种枝组。对高接枝于落花后需做疏果工作，以保证当年形成足量的花芽，不影响来年授粉效果。另外可以在开花初期剪取授花品种的花枝，插在水罐或瓶中，挂在需要授粉的树上。

5.特技处理措施

通过摘心、环剥和疏花等措施，调节树体营养分配转向开花坐果，使有限的养分优先输送到子房或幼果中去，以促进坐果。此外，预防花期霜冻和花后冷害，是保花保果的必要措施。

（四）果实管理技术

果实管理是为提高果实品质而采取的技术措施。

1.果实品质

果实品质包括外观品质、风味品质、营养品质、储藏品质及加工品质等。外观品质指果实大小、形状、色泽、光洁度等。风味指酸味、甜味、苦味、涩味、汁液、质地、香气等。营养品质指糖、脂肪、蛋白质、有机酸、矿物质、维生素等成分的含量。储藏品质指果实的储藏时间和货架寿命等方面的长短。加工品质指满足加工特殊需要的程度。提高果实品质有如下技术措施。

（1）增大果个、端正果形

果实大小是评价果实外观品质的重要指标，常以单果重或果实直径衡量。优质果品商品化生产中，应达到果实品种的标准大小，并且果形端正。否则，果实品质和商品价值都低。果实体积的大小取决于果实内细胞组织的结构数量和细胞体积以及细胞间隙密度。关于此项的技术措施有人工辅助授粉、合理调节负载量、应用植物生长调节剂。

（2）改善果实色泽

色泽发育是复杂的生理代谢过程，并受很多因素的影响，如光照、温度、土壤水分、树体内含矿物质营养水平、果实内糖分的积累和转化以及有关酶的活性影响。具体技术措施如下。第一，创造良好的树体条件，良好的树体条件是增加果实着色的前提和保证，能够更好地发挥着色措施的效果。合理的群体结构，果园的结构与光照条件密切相关，结构合理、光照条件好、光能利用率高，有利于果实着色；良好的树体结构和健壮的树势，在合理留枝量的前提下，树体骨干枝少，角度要开张，大中小型结果枝组数量和配置适当，叶幕层不宜太厚，这样才能保证果实发育期间获得充足的光照，新梢生长量适中，且能及时停止生长，树势保持中庸健壮，叶内矿物质元素达到标准值，有利于果实着色；合理的果实负载量，适宜的叶果比，留果过少常导致树势偏旺，果实贪青晚熟，着色不良，过量结果同样影响果实色泽的正常发育，生产上应根据不同树种、品种的适宜负载量指标，确定产量水平，适宜的叶果比，主要是有利于果实中糖分的积累，从而增加果实着色度。第二，科学施肥，适时控水，增加果树有机肥的施入，提高土壤有机肥质量，均有利于果实着色。矿物质元素与果实色泽发育密切相关，实践表明，过量施用氮肥，可导致干扰花青素的形成，影响果实着色。因此，果实生长后期不宜追施以氮肥为主的肥料。果实生长的后期，保持土壤适度干燥，有利于果实增糖着色，所以成熟之前应控制灌水。不然，会造成果实着色不良，品质降低。

2.果实套袋技术

果实套袋，是提高果实品质的主要措施之一。果实套袋不仅能改善果实色泽和光泽度，还可减少污染和农药的残留，预防病虫和鸟类危害，避免枝叶擦伤。纸袋质量要求全木浆纸，耐水性强，耐日晒。

3.摘叶和转果技术

摘叶的目的是增加果实的受光面积，增加果面对直射光的利用率。通常是摘叶时期与果实着色期同步。摘叶的对象是果实周围遮阳和贴果的1~3个叶片。摘叶处可占果实着色面积约15%。

转果的方法是将果实的阴面轻轻转向阳面，或可夹在树杈处以防回位，或用细透明胶带固定于附近合适的枝条上。通过转果可以改变果实的阴阳面位置，增加阴面受光时间，达到全面着色的目的。

4.树下铺反光膜

反光膜的主要作用是改善树冠内膛和下部的光照条件。此法，主要是解决树冠下部果实和果实凹陷部位的着色问题，从而达到果实全面着色的目的。常用反光膜有银色反光塑料薄膜和GS-2型果树专用反光膜。铺膜时间在果实着色期，套袋果树在取袋后及时进行。铺膜前要清除地面残茬、硬枝、石块和杂草，打碎大土块，把地整成弓背形。铺膜面积限于树冠投影范围。密植果园可于树两侧各铺一长条反光膜，要求膜面平展，与地面贴紧，交接缝及周边盖土。果实采收前，去掉膜面上的树枝、落果、落叶等，小心清洗反光膜后保存，以备明年再用。

5.应用植物生长调节剂

应用植物生长调节剂促进果实着色，是目前生产上的新技术。使用的增色剂主要是以微量元素为主的肥料，如氨基酸复合肥、光合复合肥、稀土微肥、PBO是大果形特色水果生产上的常用增色剂。

（五）果实采收

1.果实采收的意义

果实采收是果园管理的关键环节。如果采收不当，不仅降低产量，也会影响果实的耐储性和产品质量，甚至对来年果树生产带来负面影响。因此，实施科学的采收措施和方法，是获取效益的后期保障。

2.确定采收期的条件

采收过早会造成果实产量低、品质差；采收过迟会造成果实耐储性和耐运性下降。因此，只有确定正确的采收时间，才能获得品质好、产量高、耐运的优良果品。确定采收期主要是根据果实成熟度和采后用途来确定。

（1）可采成熟度

此时果实大小已定，果实基本成熟，只是其应有品质如香气、糖分等还未充分表现出来，果实较硬。但此时的储藏性和运输性最好，适合远距离销售的果品。

（2）食用成熟度

此时果实已充分成熟，应有的品质如香气、糖分等也充分表现出来，各种营养价值也达到该品种指标，风味最好。此时果实含水量较高，果肉一般较软，所以储藏性和运输性较差，只适合当地销售，或做果类加工原料，不适合长途运输和长期储藏。

（3）生理成熟度

主要指果实的种子充分成熟，具有发芽能力。一般水果类果实生理达到成熟时，食用品质较差，表现为果肉松软，含水量下降，一些化学成分已分解，香气降低，甚至腐烂，营养价值与食用价值下降，果实已经不能食用，多用于采种；

干果类果实则恰恰相反，因为食用的是种子，所以此时正是果实粒大、饱满、营养价值高、品质最佳的时段。

第三节　整形修剪技术

一、整形修剪的概念

（一）整形

果树整形，也称果树整枝，就是把树体修剪成需要的形状和结构。

（二）修剪

修剪就是将果树枝条进行修理的处理技术，达到目标树形，使其主枝、枝组的培养与更新，生长与结果的平衡结构合理。广义的修剪就是整形剪枝，包括除萌、抹芽、摘心、剪梢、扭梢、缚枝、拿枝软化、环割等。

特色水果是多年生植物，容易在生产上出现适龄不结果、开花而不结果、树冠密闭、落花落果及果小低质等现象。因此，采取整形修剪，是实现果树优质、高产、高效的目标措施，也是生产上最实用、最有特色的关键技术。

修剪的目的：一是提早结果年限，延长经济寿命；二是提高产量，克服大小年；三是提高品质和价值；四是提高工效，降低成本；五是能抗御病虫灾害和不良自然条件。

二、整形修剪的生物学特性

修剪对象是枝和芽，枝芽生物学特性是整形修剪的基本原理和依据。

一是剪口下需要萌发壮枝时可在饱满芽处短截；二是需要削弱时，可在春秋梢交接处或基部瘪芽处短截。具有早熟性芽的树种，利用其一年能发生多次副梢的特点来通过夏季修剪加速整形，增加枝量和实现早果丰产。芽的潜伏力强，有利于修剪发挥更新复壮作用。萌芽率和成枝力强的树种，长枝多，整形选枝容易，但树冠易郁闭，修剪多采用疏剪、缓放。萌芽率高和成枝力弱的，容易形成大量中、短枝和早结果，修剪中要注意适度短截，有利于增加长枝数量。萌芽率低的，应通过拉枝、刻芽等措施，增加萌芽数量。

三、整形修剪的原则和依据

果树的整形修剪，首先要符合生长发育特性，其次是考虑结果状况，再次是要适合于当地自然环境，总体讲就是要提高整个果园的经济效益。

（一）符合果树的特性

每一种果树都有它的生长发育、栽培结果的规律，整形修剪的一般原则是"有形不呆，无形不乱；因树修剪，随枝作形"。"有形不呆"，就是说在整形修剪时，要造成某种树形时不能死扣尺寸，避免"机械造形"。"无形不乱"，就是要根据树体实际情况，灵活掌握，符合树体结构的基本要求，即结构合理，主从分明，枝组紧凑，通风透光好。

（二）有利于结果

其目的是"早结果，多结果，结好果，长结果"。就是要促进幼树提早结果，并达到早期丰产、稳产、优质，经济结果年限长。这是衡量果树整形修剪是否合理有效的重要标准。

（三）适合于果园具体条件

除考虑果树品种特性外，还要考虑果园地势、土壤、肥水管理等情况。即所谓"看天、看地、看树"。

（四）有利于提高经济效益

果树生产是高效的商品经济，整形修剪要符合经济规律，有利于提高果业的经济效益，讲究提高工效，降低成本，科技含量高，市场竞争力强，品牌价值好。

四、修剪时期

一般分为休眠期修剪和生长期修剪，生长期修剪又可细分为春季修剪、夏季修剪和秋季修剪。

（一）休眠期修剪

果树休眠期储藏的养分较充足，地上部剪后枝芽减少，利于集中储藏营养。因此，新梢生长加强，剪口附近顶芽长期处于优势。

（二）春季修剪

春季萌芽后修剪，也称花前复剪，主要是补足休眠期修剪的不足，时间在萌芽后开花前。花前修剪，是剪去一部分发育不好的花芽，使全树少开花，将养分集中到留下的花芽上，以提高坐果率。同时也调整了结果枝与生长枝的比率，长枝与短枝的比率，可增强树势。

（三）夏季修剪

夏季修剪的内容很多，如摘心、剪梢、去卷须、拉枝、扭梢、环割、环剥等。由于树体储藏养料比较少，一般修剪要从轻。

（四）秋季修剪

树体各器官逐渐进入休眠和进行养分储藏，适当修剪，可紧凑树体，改善光照，充实枝芽，促进花芽分化，复壮内膛。将大枝剪除后，有利于来年春季控制徒长枝生长。

五、树形及修剪方法

（一）树形及分类

树形主要分为自然形和人工形两大类。自然形有中心主干形、无中心主干形以及多中心主骨形、无主干形和无骨干形；人工形分为扇形、平面形、混合形3种。

（二）树冠及枝芽特性

1.树冠及枝体

乔木果树的地上部分包括主干及树冠两大部分。主干是树冠的生长支撑体，主干是否健壮，关系到根系及树冠枝叶的生长。主干之上分生的各种枝条总称为树冠。其组成有中心主干、主枝、副主枝及枝组。中心主干、主枝、副主枝构成树冠骨架，统称为骨干枝。主枝和副主枝是构成树冠和树形的骨干主枝，各种主枝和副主枝的位置、距离、方向、角度以及生长势，均关系着果树的健康状况以及果实的质量与数量。辅养枝是当主枝与副主枝还没有占领其发展空间时而留下的临时枝，在幼树时应尽量多留，以便枝多叶多辅养树体，促进整体生长，提早结果。枝组也称单位枝或侧枝。它是果树制造养分和开花结果的主要部分。在幼树时要多保留枝组，以扩大营养面积，利于提高产量；进入盛果期要注意枝组的培养、复壮、更新，防止过早衰亡，对采用大树型的树、枝组要采取细微修剪。

2.与修剪有关的枝芽特性

果树修剪要掌握芽的异质性、芽的早熟性和晚熟性、萌芽力及成枝力、芽的潜伏力、顶端优势、树冠层性、年龄时期、地上部与地下部的生长变化特性。

（三）修剪技术及作用

果树修剪技术主要有短截、疏剪、除萌、留桩、摘心、抹芽、剪梢、弯枝、扭梢、拿枝、环剥、刻伤、断根、弯根。广义上讲还有疏花穗、疏花、疏果、摘叶等。

1.疏剪及抹芽

疏剪是将枝条自基部剪去或删除，也称疏删，包括冬季疏剪或夏季疏剪。抹芽是在枝条芽膨大后已散开而未展叶前从基部抹去。其作用是：减少分枝，增强树冠内光照强度，使留下枝条粗壮、充实，促进开花结果；调节生长势，一般果树是调节骨干枝、短果枝数量与长果枝数量的比例，增加短枝量，营养生长削弱，向结果方向发展，决定了第二年的结果数量。在母枝上造成伤口，限制营养物质运送，在一定程度上有类似于环剥的作用。

2.短截

剪去枝梢一部分，包括冬季和夏季截梢及多年生的大枝缩剪。短截种类较多，有轻短截、中短截、重短截和极重短截几种。

轻短截。剪去枝条上部的1/4～1/3，截后易形成较多的中、短枝，可缓和生长势，有利花芽分化。轻截可削弱顶端优势，增加短枝量，上部枝条易转化为中长果枝和混合枝。在成枝力强的品种上应用，有利于幼树提早结果。

中短截。剪去枝条上部的1/3～1/2，截后中、长枝较多，生长势强，促进营养生长，不利花芽形成，通常剪口芽应选取饱满芽。中短截可维持顶部优势，成枝力较高。在成枝力弱的品种上应用可扩大树冠，增加分枝数，培养中、长结果枝组。

重短截。剪去枝条的1/2～2/3，截后抽生的枝条强壮，促进局部营养生长，易形成短果枝，不利花芽的形成。

极重短截。剪去枝条超过2/3，至基部只留1～3芽，仅保留枝条基部3～5厘米，因枝条基部的芽体大多数是瘪芽，故极重短截既不利于花芽形成也不利于营养生长，主要用于降低枝位，培养小型枝组。利用极重短截可培养花束状结果枝和控制树体。因此，短截的作用：一是促进分枝，增加局部枝条密度；二是促进枝梢生长；三是调节树势，控制树冠。

3.除萌

除去幼嫩的萌芽，称之为除萌。其作用有三：选优去劣，节省养分，提高养分利用水平；促进枝梢生长；调节抽梢时期。

对于幼龄果园，大树更新、老树复壮、高接换种树，在不影响树形条件下，争取多保留萌芽以早恢复树势、树冠，增加产量。

4.摘心

在生长季摘去顶端部分，抑制其生长，其作用有三：一是控制顶端生长，促进分枝。幼树整形时用摘心来增加分枝数量，有利于枝组形成，同时减弱顶端优势，增强下部枝芽的生长势，有利于树冠形成；二是改变养分分配情况，削弱顶端优势；三是提高坐果率，增加产量。

5.环剥和环割

环剥是将树干韧皮部剥去一圈。主要是阻止韧皮部的养分从上向下运输，从而调节被剥部以上枝条的生长，具有类似作用的还有环割、绞缢、环状倒贴皮、大扒皮等。在苹果、梨、柿、葡萄、柑橘树上采用，对促进花芽分化、提高坐果率有实用价值。其作用如下。

（1）阻止有机物质向下运输

可使养分集中于环剥枝条的上部。而且根部生长明显受到抑制；根压下降，吸水能力减弱；缓和树势，提高坐果率，环剥和环割措施，可以抑制根系生长和控制吸收养分，从而达到缓和地上部树体生长势，提高坐果率的目的。

（2）环剥对树体的作用有两重性

对于结果多或衰老期的树，环剥会加速衰老，此法不宜采取；对于生长过旺的树体或枝条，采用环剥措施，可以控制树势、增加枝条花芽量和坐果率。这些作用的大小，取决于环剥工作的时间、宽度以及栽培措施的配合。一是措施选择。环剥或绞缢处理程度较轻，伤口小，恢复快。环剥或倒贴皮抑制作用较大，有些树种不宜采用。因此，要根据树体情况、季节或其目的不同而采用。二是环剥的时间。通常在春末夏初进行，即在新梢停止生长前后，已有一定环剥面积形成，为了提高坐果率常在盛花后的两周前进行；若是为了缓和树势促进花芽分化，应在新梢停长后，形态分化开始前1～2周内进行；为了基本萌发抽成枝，则在萌动前高位环剥，使其基部隐芽萌发。三是环剥程度。就是指环剥的宽度和深浅程度；通常以环剥处枝条直径为其宽度；环剥深度以除去韧皮部为止，不能伤及木质部。通过环剥等措施后，为了提高新梢中的含氮量，应进行多次根外追肥，以提高其效果，还可防止叶片发黄和落叶。

6.弯枝、拉枝和撑枝

弯枝、拉枝和撑枝，亦称撑、拉、顶、吊枝，能改变枝梢生长方向及空间位置，可沿向上、向下、向左、向右4个方向。其作用有三。一是改变枝梢生长角度，调节生长势。对于需要强化的枝条，可使其直立，以增强生长势头；对于要减缓生长势的可以开张角度，拉平或下垂；对幼树开张骨干枝角度，可以扩大树冠，改善光照，充分利用空间；对带有徒长性枝的，在生长期开张角度，不但可缓和枝条生长势，还可促进花芽形成和提高坐果率。二是固定树体和树梢。可以减少强风对树体或枝梢造成的影响和干扰；对结果较多的枝条，保持一定角度，能避免下垂衰老，减少大小年的发生。三是改变枝梢角度，影响开花结果及果实品质。果枝着生的角度对生长及果实品质和产量有很大影响。适当拉枝、弯枝，对长势、产量、品质都十分有利。

7.扭梢和拿枝软化

扭梢就是将枝梢近基部或中下部旋转扭曲,以扭伤木质部皮层,以改变枝梢生长方向;拿枝软化是从枝梢基部向水平方向弯曲推拿,听到木质部有咯咯响声而不折为止,主要是伤及木质部,以抑制养分上下流通。拿枝软化作用有三:一是抑制枝梢生长,促进养分积累;二是抑制顶端优势,促进中、短枝形成,提高坐果率;三是扭梢、拿枝软化与环剥等方法有同样的效果。

8.缚枝

将枝梢束缚在棚架、篱架或支柱及其他固定物上的措施。此法适用于藤蔓性果树以及在人工整形时采用;对自然树形,为了改变枝梢角度、姿态、方向也常采用。其作用是:构成合理的树形,充分利用空间,改善光照,促进生长发育;在人工整枝时,控制树高、树宽,以构成所需树形,便于机械作业,以提高劳动效率;在进行自然整枝时,为了开张主枝角度,促进幼枝生长扶直枝梢,将其缚在固定位置上;固定树体防止倒伏,如矮化砧,大多根系较浅,易受风吹倒,可采取缚枝办法固定于支柱或篱架、棚架上。

9.刻伤

在枝、芽上刻伤,可促进其生长发育。刻伤分目伤和纵伤两种。刻伤及其应用有四法:一是里芽外蹬,抑制上芽;二是光腿枝刻伤,以促发枝;三是芽上芽下刻伤,促其生长;四是芽上刻伤,促芽发枝。

此外,疏花穗、疏花、疏果、摘叶、断根、弯根,虽不是对枝梢进行直接处理,但对树体具有同样促进营养生长或生殖生长的作用。

（四）果树修剪技术的综合运用

果树结构与生长是一个综合体,不但要注意骨干枝或枝组的修剪技术,还要根据当地的土质、地势、管理水平和树种特性以及修剪时期,对其树形和树龄等总体生态情况进行综合分析,采取综合技术措施,使其达到优质、高产、高效、连年丰产、稳产和延长经济寿命的目的。

修剪之前对果园树势要进行全面诊断和分析,针对果园生产存在的问题,根据整形修剪的作用、时期、程度和方法,采取不同措施。

1.调节树势

旺树。要求缓和树势。修剪做到冬轻夏重,延迟冬剪;枝梢缓放,轻剪多留，开张枝角，枝轴弯曲延伸，降低芽位，运用环剥等措施来调控生长。同时注意短截，促发新梢，枝轴直线延伸，抬高芽位，去弱留强，少留果枝，顶端不留果，多施磷钾肥，控制氮肥，及时排水。

弱树。采取更新复壮、加强生长的方法。修剪要冬重夏轻，提早冬剪，不去大枝，减少伤口，恢复树势。同时加强土肥水管理，全树先缓、养壮更新。

上强下弱树。控上促下，中心干弯曲换头，削弱极性；上部多疏少截，减少枝量，去强留弱，去直留平，多留果枝，顶端留果，夏剪控势；下部少疏多截，去弱留强，去平留直，少留果枝，促进生长。

下强上弱树。应抑上促下。这类树很少，根据上强下弱法采用相反技法；外强内弱树。缓外养内，主要技法是开张角度，外围多疏强枝，少短截；去强去直立枝，留中庸、平斜枝；多留果枝，留先端枝，以果压树；内膛疏弱枝留健壮枝，养粗壮后再更新复壮，内膛少留果。

外弱内强树。这类树很少，根据外强内弱树进行相反修剪。

大年树。花果过多，消耗大量养分，当年形成花芽少，明年花芽不够而成小年，其修剪措施一是短截结果枝或结果母枝，使其成为生长枝，并保留生长枝。全树保留三类枝条。一部分结果，一部分形成花芽、明年结果，另一部分是生长枝。二是对结果枝或结果母枝短截更新，适当重剪，以减少花果；对有结果母枝的树种，今年短截母枝，即剪去混合芽，使其再形成花芽，称之为"以花换花"。三是延迟冬剪时期，一般待花芽易识别时再剪，使其增加生长枝条数量。

小年树。花量果量均不够。但要防控当年花芽形成太多，下一年成为大年。一是见花就留，并适当疏除叶芽；二是对交错密生重叠枝，适当回缩；三是对骨干枝上的花要保留，对于要转头、换头、落头的枝条要留到明年大年花芽多时再进行，如果小年进行，便会加重大小年现象。

2.调节枝条角度

加大角度。选留培养开放的枝条，利用枝梢下部芽作为剪口芽，其下部芽形成的新梢依次开张。采用骨干枝换头等措施开张角度。也可通过外力进行拉、撑、坠、扭等的方式加大角度，一般在枝梢达到一定长度而未木质化时进行效果最好。也有利用枝、叶、果的自行拉垂，使枝条开张的方法。

缩小角度。选留向上枝芽作为剪口芽。利用拉、撑、吊，使枝条直立向上生长。枝顶不留果，以直立枝代替原头，缩小角度。

3.调节枝梢疏密

增大枝梢密度。尽量保留已抽生的枝梢，采用短截或利用竞争枝、徒长枝；控上促下，采用延迟冬剪、摘心、骨干枝弯曲上升、芽上环剥、刻伤、曲枝等措施，增加分枝。

减少枝梢密度。一般通过疏枝、长放、加大分枝角度，减小枝梢密度。

4.调节花芽量

花芽形成前后均可进行调节。形成前调节可以减少养分消耗，增加叶芽。但适当多形成一些花芽，在形成后调节，既可防止自然灾害，又可选优去劣。

增加花芽量。在花芽分化前疏去密枝梢，开张大枝角度，改善光照条件，增加营养积累，促进花芽分化；幼树在保证旺壮生长的基础上，采用轻剪、缓放、疏枝、拉枝、扭梢等措施，达到缓和树势，促进花芽分化的目的。结果多的树多留叶芽，以改善有机营养，为花芽分化准备芽位。待花芽形成后要尽量多留。

减少花芽量。主要是老树、弱树要解决的问题。加强树势，减少中、短枝形成。采用重短截，冬重夏轻，提前冬剪，促进枝梢生长，减少花芽形成。花芽形成后疏剪花芽。

5.枝组的培养与修剪

合理培养与修剪枝组，是提高产量、防止大小年和防止结果部位外移的重要措施。

先放后缩。枝条拉平，较快地形成花芽或提高徒长性结果枝的坐果率，待结果后再回收，培养成结果枝组。对生长旺的果树，为提早丰产常用此法。但要注意从属关系，不然缓放几年容易造成骨干枝与枝组混乱。

先截后放再缩。对当年生枝留15～20厘米进行短截，促使靠近骨干枝分枝后，再去强留弱，去直留斜，将留下的枝条缓放，以后再逐年控制回缩，培养成大中型枝组。这种方法多用于直立枝或背生旺枝。也可冬夏结合，利用夏剪加快枝组形成，可削弱过强的枝组。

改造辅养枝。随着树冠的扩大，大枝过多时，可将辅养枝缩剪改造成大、中型枝组。

枝条环剥。对长放的强枝，于5～6月在枝条中下部环剥，当年在环剥上部能形成花芽，次年结果，下部能抽生1～2个新梢，等上部结果后，在环剥处短截，即形成一个中、小型枝组。

短枝型修剪。对苹果、梨等，可进行短枝型修剪，使其形成小型枝组。

6.老树更新

回缩更新。果树进入结果后期，树冠已停止扩展，并于下部出现徒长枝，则于4～8年生部位上选留壮枝进行回缩更新。在同一株上要逐年轮换进行。

主枝更新。树势严重衰弱时，则应在主枝2～3级侧枝上进行回缩更新。主枝更新常用于隐芽易抽生的树种，如仁果类果树。桃树隐芽不易抽生，要及时回缩更新。

树冠更新。宜在春季萌芽前进行。大伤口要削光，用1%硫酸铜消毒，用接蜡涂封或用黑塑料膜包扎。促进愈伤组织形成，以防病烂，减少蒸发，促进愈合和剪口新梢生长。主枝更新时，要用石灰乳剂喷洒骨干枝，以免日灼。更新枝抽生时，宜注意防风、防病虫害。对树干下部抽生的萌蘖，不影响新冠形成的可全部保留，作为辅养枝。

7.整形修剪时应注意的问题

正确判断，制定科学、合理的施工方案。除应对果园的立地条件、肥水管理、技术水平等基本情况了解外，重在了解树体情况，如树体结构、树势、枝量和花芽等生长特性。如树体结构中骨干枝的配置、角度、数量和分布是否合理；树冠高度、冠径和冠形；行株间隔与交接情况；通风透光是否良好等。在观察树势方面，一是判断总体强弱；二是局部之间长势是否均衡；三是长、中、短枝比例。在枝量和花芽方面，主要观察总枝量、花芽数量及质量等。根据调查结果，抓住主要矛盾，因地、因树制定科学合理的综合修剪技术施工方案。

必须考虑修剪的综合反应。修剪具有双重作用，不同的修剪方法、修剪对象、修剪程度以及立地条件均可对修剪效果产生影响。所以，实施修剪时应根据果园、树种、品种的实际修剪反应，正确综合采用不同修剪方法。疏修长放有利于缓和树势和成花结果，能改善通风透光条件，但长期应用树体容易衰老。任何修剪技术不可能只采用单一的一种方法修剪，必须与其他修剪方法相配合，才能使积极作用得到最大程度的发挥，消极作用得到适当缓解。夏季修剪必须和冬季修剪密切配合，相互增益，才能发挥良好效果。特别是幼树和密植果园，夏季修剪必须进行，其作用不是冬季修剪所能代替的。夏季修剪能缓解冬剪的某些消极作用，冬剪局部刺激作用较强，而通过抹芽、摘心、扭梢、拿枝、环切或环剥等夏季方法，可缓和其刺激作用。夏季是在果树生命旺盛活动期间进行的，能在冬剪基础上，迅速增加分枝、加速整形和枝组培养，尤其在促进花芽形成和提高坐果率方面的作用比冬剪更明显。夏剪及时合理，还可使冬剪简化，并可显著减少冬剪修剪量。

树体反应是检验修剪是否正确的客观标准。不论单一修剪或多个方法配合应用，因受树种、品种、树龄、立地条件和其他栽培措施等多种因素的影响，其反应不完全相同。一种剪法在此地此时应用合适，在彼地彼时却不一定合适，甚至出现相反效果，这是修剪技术较难掌握的原因之一。多年生果树本身是一个"自身记录器"，能将各种修剪方法及其反应保留在树体上，可以判断以前修剪方法是否正确。

修剪必须与其他农业技术措施相配合。修剪是果树修剪综合管理中的重要技术措施之一，只有在良好的综合管理的基础上，修剪才能发挥作用。优种优砧是根本，良好的土、肥、水管理是基础，防治病虫是保证，离开这些综合措施，单靠修剪是生产不出优质高产果品的。个别地方有人说"一把剪子定乾坤"，这是错误的片面说法。但是，农业技术措施也代替不了修剪的作用和效果，必须综合地、适地适树、因时制宜地科学应用该技术。

修剪和土、肥、水管理。修剪主要是对树体内养分分配起调节作用，并未在总体上提高树的营养水平。土壤改良、施肥和灌水则能在总体上提高树的营养水平，是果园优质高产的物质基础，也是修剪所不能替代的。而在土肥水管理的基础上，修剪能发挥积极的调节作用，达到合理利用养分，提高产量和质量的目的。因此，修剪应与土壤肥力和肥水水平相适应。土壤肥沃、肥水充足的果园，冬季修剪宜轻不宜重，并应加强夏季修剪，适当多留花芽多结果；土壤瘠薄、肥水较差的果园，修剪宜重，适当短截少留花芽，确保获得优质果实和适当的产量。应注重在花芽分化前适当控制灌水，并追施氮肥，及时补充磷钾肥，否则也难以获得好的促花的优质效果。

修剪与病虫害防治。剪去病虫危害的枝梢和花果，有直接防治病虫害的作用。整形修剪能形成通风透光、密度合理的树体结构，有利于提高喷药质量和效率，增强防治病虫害效果。若是不修剪或修剪不当，树冠高大郁蔽，喷药就很难做到均匀，不利于病虫害防治。

修剪与花果管理。修剪和花果管理都直接关系着产量和质量的调节效果，修剪起"粗调"作用，花果管理则起"细调"作用，两者配合共同调节，才能获得优质、高产和稳产的目标效益。在花果少的年份，冬剪尽量多留花芽，夏剪促进坐果，如再配合人工授粉，喷施植物生长调节剂或硼肥等营养元素，效果会更加明显。在花芽多的年份，修剪可剪去部分花芽，但因生长着点和部位的密实程度等因素，花芽仍会很多，还必须疏花疏果，才能克服大小年。花果管理同合理修剪，在解决大小年问题和促进果树优质丰产方面是相辅相成的关系。

第四节 病虫害防治技术

一、果树病害类型及特点

（一）病害类型

根据果树病原可分两大类：非侵染性病害和侵染性病害。

1.非侵染性病害

病原。由非生物病原引起。一是温度引起，有低温冻害，强光日灼、日烧；二是水分引起，有旱害、涝害；三是养分引起，有肥害、缺素症，还有盐害、碱害、药害、毒害、毒气、污水等。

病害特点。一是不传染；二是常成片发生，田间分布均匀，相邻植株表现一致；三是清除病害后，有时能复原。

2.侵染性病害

病原。由生物病原物引起。一是真菌病，霜霉病、晚疫病、白粉病；二是细菌病，软腐病、角斑病；三是病毒病，条斑病、花叶病；还有线虫病等。

病害特点。一是能传染；二是田间发病由个别、局部开始，后蔓延全园，分布不均匀，相邻植株表现不一致；三是发病后，一般不能复原。

（二）果树病状类型及表现

1.症状

果树发病后的不正常表现，包括病状和病征：病状，指果树发病后的不正常状态；病征，指发病果树上病原物表现出来的特征。真菌大多都有霉斑或小点粒等病状。

2.病状的类型

变色：叶绿素受到破坏或其他色素增加造成褪色或黄化；花叶深浅不均的斑驳；着色。

坏死和腐烂：部分细胞死亡或组织体形成叶斑、穿孔；根腐；茎斑点、条斑；幼苗猝倒、立枯；花果病腐等。

萎蔫：多种原因造成，茎基部、根部坏死或腐烂，可引起地上部的萎蔫；根茎部维管束受到浸染引起萎蔫；缺水干旱也可引起萎蔫。

畸形：细胞体积增大或变小，数目增多或减少。

3.病征表现

一般只在发病后期出现，历时短。真菌病征多样，大多明显；细菌病病征大致相同，有的不明显。

霉状物：如霜霉、灰霉、黑霉、绵霉等。

粉状物：如白粉、黑粉、锈粉等。

粒状物：如小粒点。

菌核：真菌菌体的特征组织、大小、形状多样、硬度、色深等。

脓状物：细菌病有白或黄色水珠胶状，病征常在湿度大的时候表现，所以可用保湿培养法。

4.常见果树病害及诊断方法

（1）生理病害

病状：病株分布均匀，成片发生，变色、枯死、落花落果、畸形、生长不良等。

病征：无病征。

（2）真菌病害

病状：坏死或腐烂。

病征：各种色泽的霉状物、粉状物、绵毛状物、小黑点、小黑粒、菌核、菌素等。

（3）细菌病害。

病状：斑点、条斑、萎蔫、腐烂、畸形等。

病征：湿度大时有菌脓。

（4）病毒病害

病状：花叶、黄化、畸形、坏死等，以叶片和幼嫩枝梢最明显。

病征：无病征。

（5）MLO病害

病状：矮缩、丛枝、枯萎、叶片黄化、扭曲、花叶变色等。

病征：无病征。

（6）线虫病害

病状：病部产生虫瘿、肿瘤、茎叶畸形、扭曲、叶尖干枯、须根丛生、植株生长衰弱等。

病征：无病征。

二、果树虫害防治技术

果树害虫，实指危害果树的昆虫。昆虫是动物界中种类最多、数量最大、分布最广的一个类群，有100万种以上。昆虫有益虫和害虫之分。对于益虫，应充分保护和利用；对于害虫，应掌握其发生规律，加以防治。昆虫属于节肢动物门、昆虫纲。昆虫纲又分几十目，其中与农业生产关系密切的主要有：直翅目、缨翅目、半翅目、同翅目、鞘翅目、鳞翅目、膜翅目、双翅目。由于害虫种类较多、分布广，各地发生的时期也不相同，所以，果树虫害防治必须根据当地的自然条件和果园具体情况进行研究，掌握害虫发生规律，对症防治。

果树虫害按照危害部位分类有危害叶片的害虫，危害枝干的害虫，危害果实的害虫。其他的危害花、根的害虫较少，可在综合防治中一起处理。

（一）危害叶的虫害防治

食叶性害虫种类较多，主要有天幕毛虫等鳞翅目害虫、山楂叶螨等螨类害虫、卷叶象甲等鞘翅目害虫、弱虫等膜翅目害虫。其中以鳞翅目幼虫危害较为常见。食叶害虫虽然种类较多，但有一定危害时期。根据发生规律，结合果园管理，有针对性地预防，可以有效控制其危害。虫害防治以测报为基础，重点调查果园中害虫种类、数量，危害时期、状况等。采用农业、物理、生物、化学等措施防治。一般在春季、夏季和秋季预防3～4次即可控制。

（二）危害果的虫害防治

危害果实的害虫多数较小，识别和观察预测难度较大，应从理论数据和实际观测上综合分析，采取早预报、早防治、治早、治了的方针。危害果实的害虫常见的有桃小食心虫、梨小食心虫、桃蛀螟、李实蜂等。主要防治措施有如下几种。

农业措施。入冬前清除果园杂草、枯枝落叶、刮老树皮、涂干刷白、浇封冻水、消灭越冬成虫、保护天敌；修剪整枝、通风透光、改善虫害容易生长的郁闭环境；果实套袋等。

化学措施。药剂防治，越冬幼虫出蛰盛期及第一代卵孵化盛期后是打农药的关键时期，可用菊酯类杀虫剂或菊酯与有机磷的复配剂。树上喷药和地面喷药相结合，效果较好。

物理措施。树冠内挂糖醋液诱盆杀成虫，配液比糖∶酒∶醋∶水为1∶1∶4∶16。大部分鳞翅目成虫具有较强的趋光性，可在成虫羽化期于19∶00～21∶00时用灯光诱杀。刮树皮以及摘除卷叶、卵块、虫茧来消灭越冬的害虫，可在害虫由越冬地点如土壤里面向地面移动中进行覆地膜、压干土、喷封闭农药等方法隔离杀虫。

生物措施。对鳞翅目幼虫以寄生蜂效果最好，主要有赤眼蜂等。

（三）危害枝干的虫害防治

枝干害虫的危害有特殊性，多数蛀入枝干内危害，识别和观察预测中难度较大，造成防治困难，应根据害虫特点找出对应的方法，进行预测和防治。常见枝干害虫有桃红颈天牛、苹果小吉丁虫、透翅蛾等。

防治措施。发现树干有虫害状，可用80%敌敌畏乳油10倍液涂杀；对树干的虫孔，用农药敌敌畏熏蒸法防治；成虫羽化盛期树上喷药杀成虫。可选择20%杀灭菊酯乳油2 000倍液、90%敌百虫1 500倍液等。

三、掌握关键时期防治病虫害

芽明显膨大期喷施高浓度的杀菌剂加杀虫剂，喷药时对树体所有部分必须喷透，树冠下也要喷洒。主要杀灭多种越冬病菌和害虫。发生过花腐病的果园，应在花朵现蕾期，喷洒较高浓度的杀菌剂加杀虫剂药液。落花后1周时将杀菌剂和杀虫剂混合喷洒果树，可预防各种病害和蚜虫、红蜘蛛与梨木虱等虫害。摘果后至落叶前喷洒较高浓度的杀菌剂和杀虫剂混合液，主要是消灭越冬病虫，可防治或减轻第二年的病虫危害。选择2～3种药混合时，必须了解药剂的性质，碱性药与酸性药不能混合；微酸性药与中性药可以混喷，但要现配现用，不能久放。

四、果树病虫害综合治理

（一）综合治理的概念

果树综合治理，就是以农业生态全局为出发点，坚持"预防为主，综合治理"的方针，强调利用自然界对病虫的控制因素，合理运用各种防治方法，在保护生态、控制污染的前提下，达到控制病虫发生的目的，把防治措施提高到安全、经济、简便、有效的水平上。"农作物病虫害绿色防控技术"从策略上强调四点。一是强调健康栽培。从土、肥、水、品种和栽培措施等方面入手，培育健康作物。二是强调病虫害的预防。从生态学入手，改造害虫虫源地和病菌的滋生地，破坏病虫害的生态循环，减少虫源或病源量，从而减轻病虫害的发生或控制其流行。三是强调发挥农田生态服务功能。核心是充分保护和利用生物多样性，降低病虫的发生程度。四是强调生物防治的作用。从指导原则上突出四大措施：一是强调栽培健康作物；二是强调利用生物多样性；三是强调保护利用有益生物；四是强调科学使用农药。

（二）综合治理的方法

主要方法有植物检疫、农业防治、生物防治、物理防治和化学防治。

1.植物检疫

也称法规防治，指一个国家或地区由专门机构依据有关法律法规，应用现代科学技术，禁止或限制危险性病、虫、杂草等人为地传入或传出，或者传入后为限制其继续扩展，所采取的一系列法规措施。

2.农业防治技术

主要措施有培育无病种苗、搞好果园卫生、加强栽培管理和利用抗性品种等。

3.生物防治技术

主要技术有以虫治虫、以菌治虫、以菌治病、利用有益动物治虫、利用害虫不育性治虫和昆虫激素防治害虫等。

4.物理机械防治技术

主要技术方法有种子清选、温度处理、射线处理、诱杀法、外科手术和机械阻隔等。

5.物理防治技术

主要技术方法有灯光诱控技术、色板诱控技术、防虫网应用技术、无纺布应用技术、银灰膜避害控制技术等。

6.化学防治技术

就是使用农药防治果树病、虫、杂草的方法。

（三）农药的分类、使用和选择

1.农药的分类

农药的分类方式多种多样。按用途可分为杀虫剂、杀螨剂、杀菌剂、杀线虫剂、杀软体动物剂、杀鼠剂、除草剂和植物生长调节剂等；按原料来源分为矿物源农药、生物源农药和化学合成农药；按照对有害生物的作用方式，又将杀虫剂分为触杀剂、胃毒剂、内吸剂、熏蒸剂、引诱剂、驱避剂、拒食剂、不育剂和生长调节剂等；将杀菌剂分为保护剂、内吸剂；将除草剂分为触杀剂、内吸剂、灭生性和选择性除草剂。

2.农药的使用

包括喷粉法、喷雾法、熏蒸法、拌种法、浇灌法、浸渍法、涂抹法、撒施法、毒饵法和土壤处理法等。一般是根据病虫的生物学特性、危害部位、发生规律以及农药种类和剂型，选择施药方法。

3.农药的选择

根据防治对象选择农药；根据病虫危害特性选择农药；根据病虫害发生规律选择农药；根据病虫害的生物学特性选择农药；根据农药的特性选择农药。

第五节　水果设施栽培技术

一、设施栽培的概念

设施栽培，也就是保护地栽培，是指利用温室、塑料大棚或其他设施，改变或控制果树生长发育的环境因子，并通过实施现代化先进生产技术手段，调控果树生长发育规律，使果树提早开花结果或推迟结果，增加产量，提高品质。

（一）设施栽培的类型

1.半促成生产

利用日光温室、塑料大棚等设施与技术手段。在冬季果树自然休眠后，创造果树适宜的环境生长条件，促进果树提早萌芽生长，达到果实提早成熟、错季上市的目的。这是目前设施栽培中的主要形式。

2.促成生产

在人为创造低温的条件下，打破果树休眠，提供适宜的生长条件，使果树提早生长发育，实现果实成熟上市的目标。其主要的技术特点是利用设施和其他技术手段，使果树提前生长、提早成熟、提早上市。

3.延后生产

通过设施和技术手段，推迟果树的物候期，促使果树延迟生长，果实延迟成熟、延后上市，实现淡季供应。

4.防灾生产

利用设施保护措施，避免果树遭受风、雨、雹、霜、雪、冰冻等自然灾害的侵袭，还能减轻病虫、鼠、鸟危害，从而达到果树稳产、丰产、提高果实品质的目的。

5.异地生产

通过设施调控，创造出适合果树生长发育的环境条件，可以不受地理经纬度和果树自然分布的制约，在不适于果树自然生长的地区生产，从而扩大果树的生产区域。

（二）果树设施生产的作用和特点

设施内的环境条件有温度、光照、湿度、土壤等，通过人为调节控制设施内的小气候，满足果树生长发育的要求，以获得优质、高产和高效的果实产品。果树设施生产与露地生产相比具有以下作用和特点。

1.多种设施类型

常用设施主要有单栋、连栋日光温室，塑料大、中、小棚。特色水果适合日光温室和塑料大棚生产；草莓、蓝莓、树莓、番木瓜等草本或灌木果树可利用日光温室，塑料大、中、小棚配套生产。

2.人工创造小气候，改善果树生态环境，调控果实成熟与供应期

设施生产是利用设施和技术手段来创造、调节或控制设施内的温度、光照、湿度、营养、水分和气体条件等，以满足果树生长发育的需要，使果实成熟期提前或延后，调节水果供应市场。

3.高投入，高产出，生产无公害、绿色果品，显著提高果树的经济效益和社会效益

除设施投资较大外，还需加大生产资料和科技投资，人力投入也较露地生产多。由于高科技集约化经营，达到果树无公害、绿色生产的水平，提高了果品健康营养、安全卫生的质量水平。因此，果品产量、质量和销售价格也远远高于露地生产，一般增加产值2～10倍。要求有较高的管理技术，提高劳动者综合素质。

4.预防自然灾害，扩大栽培区域

利用设施生产调节果树所需的生态条件，因此，可使我国果树品种南果北栽或北果南栽。延长或提早和错开季节生产。南方设施工程可防风抗旱、防涝抗雨、防病抗虫、防寒潮抗高温等；北方设施工程可防寒保温，防止风、沙、雪、冻、病虫等自然灾害。设施生产应选择冬季晴天多、光照充足，利于果树解除自然休眠的地区发展。还要考虑当地经济状况、技术实力和市场消费水平，避免生产盲目性。

（三）设施果树的生长发育规律

1.设施果树的营养生长规律

设施生产对果树根系的影响。果树在设施生产条件下，栽培密度增加，小冠整形和疏松肥沃的表层土壤等原因，促使果树根系分布普遍变浅，尤其是为了控制树冠生长而采取限根措施的制约更加明显。并且促其向行间发展，并受相邻果树根系竞争性的限制，促其根系短而细密，从而抑制地上部树干、树冠的发展。

果树设施生产对枝叶生长的影响。果树的枝叶生长除了受树种品种的遗传特性和砧木类型制约外，环境条件也起重要作用。由于设施条件能提供合理的温、光、湿、气、土壤营养元素等生长条件，能促其枝叶茂盛生长。

2.设施果树生殖生长规律

设施果树生产对其花芽能促早分化，结果期提前。

（四）设施生产树种、品种的选择

选择适宜的树种、品种，是其生产成功的前提和根本保证。果树设施生产是反季节生产，是一种高度集约化、资金和技术密集化的产业。因此，对其树种、品种的选择具有特殊的要求。

依据生产目的和区域特点选择适合的树种。按其生产目的应选择比当地该品种成熟期早或晚的果树品种，并要求生长快、树体矮小紧凑，花芽形成早而容易结果、丰产、质优、易管理、价值较高的高效益品种。

根据设施生产目的选择"两极"品种，即极早熟品种和极晚熟品种。选择花粉量大、自花结实力强、早实丰产的品种；选择优质鲜食品种，果实要求选择个大、整齐、色泽鲜艳、果形端正、果面光洁、含糖量高、糖酸比适度、营养元素丰富、耐储藏运输、商品性强、货架寿命长的优质品牌；选择适应性强、树体紧凑、矮化、易花、早果的品种。

二、打破设施果树休眠期的技术

（一）果树的需冷量

各种果树解除自然休眠所需的有效低温时数，称为果树的低温需求量或需冷量。果树完成自然休眠的最有效温度为2℃～7.2℃，而10℃以上或0℃以下的温度对低温需求的积累基本无效。因此，落叶果树的低温需求量表现为累加效应和记忆效应。通常落叶果树在每年11月至次年1月通过自然休眠期，一般可在0～7.2℃条件下，要求200～1 500小时的需冷量才能通过。但要视品种差异而定，因其品种需冷量差异性很大。

（二）打破休眠的方法

常用方法有低温处理、摘叶和化学药剂处理等。

1.低温处理

在葡萄、桃、李、杏、樱桃、草莓等果树上采用"人工低温处理法"均取得较好效果。一般在深秋平均气温低于10℃时，夜间揭开草苫，开启棚室通风口做低温处理；白天盖上草苫，关闭通风口，使棚室温度尽量维持在0℃～7.2℃。用此方法接连处理20～30天，大多数果树可达到要求。

2.摘叶或促落叶处理

一般在我国亚热带地区运用此法有较好效果。如台湾、海南等地，利用摘叶的方法促使葡萄、桃、梨、苹果等休眠芽的萌发，可使葡萄一年3次开花，3次结果；使桃、梨、苹果一年2次开花，2次收获。还有实验表明，10月底至11月初摘叶或喷6%～10%尿素促落叶能使李树的休眠芽提早萌发，具有解除自然休眠的作用。

3.化学药剂处理

所用药剂主要有石灰氮、益收生长素、2-氯乙醇以及赤霉素等植物生长调节剂，其中石灰氮应用比较广。石灰氮对打破葡萄、桃、李等果树的休眠期均有较好作用。

三、设施果树树体调控技术

果树设施生产投资大、成本高，而且空间有限，必须在短期内实现早结果、早丰收，并有效控制树冠，取得较高的经济效益，才能真正达到设施生产的目的。因此，应以矮化、密植、早果、丰产、优质的树体调控为目标。其中常用两种方法：一是密度控制；二是整形修剪，形成低干、矮冠、紧凑和少主枝、少侧枝、多枝组的树形。目前设施果树采用的主要树形有纺锤形、圆柱形、自然开心形、"丫"字形及丛状形等。

四、设施果树的修剪技术

冬季修剪：主要任务是以幼树培养树形、成年树维持树形和保持枝组健壮为主。

生长期修剪：以生长修剪为主，以促进果树快速成型、缓和树势、促进花芽分化、控制树冠大小、改善树体通风透光条件等为主要目标。采用方法主要有：摘心、拉枝、扭梢、疏枝、回缩、环剥。

五、设施果树的控冠技术

限根控冠：限制根系的生长和分布，能直接控制树冠的扩展，是控制树冠生长的主要措施，其方法有空器限根、垫根栽植、起垄栽培、根系修剪等。

化学控冠：利用植物生长延缓剂减缓果树的营养生长，促进生殖生长，从而达到控冠目的。

修剪控冠：常用方法有拉枝、开角、摘心、扭梢、环剥、疏枝、回缩等，特别是采果时修剪效果更好。

限水控冠：适当限水，控制营养生长，促进花芽形成，可增加产量。

六、设施果树结果调控技术

果树结果调控技术，除了果实成熟期的提早或延后外，还包括花芽分化的促控。

花芽分化促控技术。主要方法有营养调控、夏剪调控和化学调控3种。

保花保果技术。主要措施有：创造适宜的设施环境、选择适宜的扣膜升温时间、提高树体的营养水平、人工辅助授粉、设施内花期放蜂、喷施生长调节剂和微肥。

果实品质提高技术。主要措施有：科学施肥，控氮、增磷、增钾；调控环境，改善光照条件；铺挂银色反光膜；摘叶、转果；合理负载，疏花疏果；适时套袋，促进着色；喷施激素和微肥；防病治虫，减少污染。重点通过科学用药，有效预防，生物防治，减少对果实的污染，按照绿色无公害果品或有机果品生产标准要求严格实施，真正提高果实品质和档次，实现丰产、优质、高效。

第四章　水肥一体化技术

第一节　水肥一体化技术概述

一、水肥一体化概念

水肥一体化是将灌溉与施肥融为一体、实现水肥同步控制的农业新技术，又称为"水肥耦合""随水施肥""灌溉施肥"等。狭义地说，就是把肥料溶解在灌溉水中，由灌溉管道带到田间每一株作物；广义地说，就是水肥同时供应给作物。水肥一体化是借助压力系统，根据不同土壤环境和养分含量状况、不同作物需肥特点和不同生长期需水、需肥规律进行不同的需求设计，将可溶性固体或液体肥料与灌溉水一起，通过可控管道系统供水、供肥。水肥相融后，通过管道和滴头形成滴灌，均匀、定时、定量地浸润作物根系生长发育区域，使主要根系生长的土壤始终保持疏松和适宜的水肥量。

二、水肥一体化技术特点

水肥一体化技术有以下特点。一是灌溉用水效率高。滴灌将水一滴一滴地滴进土壤，灌水时地面不出现径流，从浇地转向浇作物，减少了水分在作物棵间的蒸发。同时，通过控制灌水量，土壤水深层渗漏很少，减少了无效的田间水量损失。另外，滴灌输水系统从水源引水开始，灌溉水就进入一个全程封闭的输水系统，经多级管道传输，将水送到作物根系附近，用水效率高，从而节省灌水量。二是提高肥料利用率。水肥被直接输送到作物根系最发达部位，可充分保证养分被作物根系快速吸收。对滴灌而言，由于湿润范围仅限于根系集中区域，肥料利用率高，从而节省肥料。三是节省劳动力。传统灌溉施肥方法是每次施肥要挖穴或开浅沟，施肥后再灌水。应用水肥一体化技术，可实现水肥同步管理，以节省大量劳动力。四是可方便、灵活、准确地控制施肥数量。根据作物需肥规律进行针对性施肥，做到缺什么补什么，缺多少补多少，实现精确施肥。五是有利于保护环境。水肥一体化技术通过控制灌溉深度，可避免将化肥淋洗至深层土壤，从而避免造成土壤和地下水污染。六是有利于应用微量元素。微量元素通常应用螯合态，价格较贵，通过滴灌系统可以做到精确供应，提高肥料利用率。七是水肥一体化技术有局限性，由于该项技术是设施施肥，前期一次性投资较大，同时对肥料的溶解度要求较高，所以大面积快速推广有一定的难度。

三、水肥一体化技术优势

水肥一体化技术可显著降低肥料、农业用水和人工成本，从而提高农业生产经济效率。同时，由于水肥精细化管理，可有效解决不合理灌溉、施肥引起的病虫害、土壤板结、盐渍化等问题。水肥一体化技术是现代农业水肥管理精准化、自动化的重要技术手段之一，为未来农场管理高效化、信息化、集约化奠定基础。

四、水肥一体化系统组成

水肥一体化系统一般由水源、泵房首部系统、田间输水管网、田间首部、灌水器系统五部分组成，可结合作物生长时期的养分需求规律进行精准灌溉和施肥，实现农场种植高效管理。

（一）水肥一体化系统水源

水源一般分为地表水源和地下水源两大类。地表水源主要是湖水、河水、池塘及水库等，地下水源一般是地下水。从河道、渠道、湖泊等含泥沙较少的地表水中取水时，取水口需设置拦污栅，方便对水源进行粗过滤；从泥沙含量较高的水源取水时，应结合灌溉面积和作物经济效益修建合适面积的沉淀池。

（二）泵房首部系统

泵房首部系统通过供水管道连接水泵、变频控制柜、过滤设备、施肥设备及不同功能控制阀门组成，是控制水肥一体化系统的"大脑"，确保系统正常、高效地运行。

1.水泵

水泵是将机械能转变为水的动能和压力能的设备，是水肥一体化系统的动力来源。应结合作物需水规律、灌溉面积、系统设计压力和输水损耗等，选择合适扬程、流量的水泵。在水肥一体化系统中，根据水源、取水位置、地形等因素，一般选用离心泵或深井泵。

2.变频控制柜

在水肥一体化系统中，变频控制柜主要用于调节水泵的工作频率，减少能源损耗，确保设备平稳启动，减少因直接启动产生大电流对水泵电机产生的损害，延长水泵使用寿命，保障水肥一体化系统平稳运行。为方便用电，一般泵房首部系统中灌溉、施肥设备及照明电源等设备的控制都集成在配电箱或变频控制柜中。

3.过滤设备

在水肥一体化系统中，过滤设备一般由叠片/网式过滤器与介质过滤器或离心过滤器组合而成。根据水源中所含杂质的不同，选择不同过滤系统。介质过滤器一般以均质、等粒径石英砂形成的砂床为过滤载体进行立体深层过滤，是去除水中有机质的常见过滤设备。水中有机物含量超过10毫克/升时，一般选用介质过滤器去除水中杂质。离心过滤器一般为锥状，通过水在过滤器中运动产生的离心力和旋流作用，将沙子、石块等杂质沉淀至底部，通过排污口排出过滤器，一般用于井水或泥沙量大的河水。

叠片过滤器的滤芯由数量众多带有沟槽的塑料圆盘组成，过滤精度高、拦污效果好，耐腐蚀，使用寿命长，使用较广泛。

网式过滤器的滤芯一般是由尼龙或金属材料组成的细密网体，能有效将水中的泥沙、悬浮物或胶体等杂质有效截留，适用于沙粒或粉粒杂质较多的水源。

4.施肥设备

施肥设备是水肥一体化系统的核心设备之一，主要功能是控制精准施肥，既有简易的文丘里施肥器、施肥罐、比例施肥泵，也有集成自动灌溉施肥、水泵控制、物联网功能于一体的智能施肥机。根据作物种类、面积和经济效益，选择合理的施肥设备，是用好水肥一体化系统、提高肥料利用率、实现增产提质的关键。

文丘里施肥器、比例施肥泵、施肥罐都是根据文丘里原理制成，运行原理是利用流速不同产生压力差的真空吸力，将水肥混合溶液由肥料桶均匀吸入管道系统进行施肥。此类设备价格低廉、操作简单，缺点是压力损耗较多，一般适用于灌溉面积较小的果园和蔬菜大棚。

智能施肥机一般含多个施肥通道，可同时进行不同肥料种类、含量的精准施用，能极大地减少施肥时间，提高施肥效率；可接入物联网控制设备，实现水肥一体化远程控制，适用于面积较大、地形复杂、作物种类较多的园区。

5.水表

水表是测量水流量的仪表，大多是对水的累计流量的测量。水肥一体化系统水表一般采用机械水表，随着技术发展，也有部分采用智能水表。智能水表精确度更高，方便系统显示总用水量和实时流量，以动态监测田间用水情况。当实时流量显示突然升高，大于设计灌溉用水量，可能是田间管道发生破损；当实时流量显示突然变低，小于设计灌溉用水量，可能是管道堵塞，系统可发出警报，确保及时处理。

6.控制阀门

水肥一体化系统中，泵房首部系统的控制阀门由空气阀、逆止阀、持压阀、快速泄压阀、蝶阀等组成。空气阀是水肥一体化系统的重要阀门之一，主要功能是排出管道内的空气，防止管道内空气过多影响流量；也可在地形复杂的系统中防止出现水锤。还能防止管道停止供水时，灌水器由于惯性作用排空管道内的水而形成真空环境进而引起爆管。一般在水肥一体化系统中空气阀门主要分为综合空气阀和真空破坏阀两种。

逆止阀主要作用是防止水在管道中倒流，尤其是在地势落差较大的山地水肥一体化系统中，能防止发生水锤问题，有效保护输水管道、设备。

蝶阀又叫翻板阀，是一种结构简单的调节阀，是水肥一体化系统中不可或缺的组成部分，一般在系统管道检修、抢修或出现紧急状况时使用。

持压阀功能为保持阀门前端压力，一般在安装水肥一体化系统过程中自动过滤系统后端，保持过滤器反冲洗压力，从而保证过滤器自清洁功能良好。

快速泄压阀在水肥一体化系统中作为安全阀，当管道压力高于预先设置的最大值时，阀门迅速开启，通过排水，迅速排出过量压力，以达到保护管道的目的。

（三）田间输水管网

田间输水管网主要由输水干管、输水支管、输水毛管及连接管件及阀门等组成。输水干管是系统主管道，控制水肥一体化主要供水，是水肥一体化系统的"主动脉"，一般为金属、聚乙烯（PE）、聚氯乙烯（PVC）等材质。

输水支管一般根据系统设计，控制某一块或几块灌溉小区，是划分轮灌小区的关键，一般为聚乙烯（PE）、聚氯乙烯（PVC）材质。

输水毛管在系统中为末级输水管道，一般作为滴灌带或滴灌管与支管道连接。输水毛管支管、毛管末端一般均设置排污阀门，可定期冲洗管道，保持管道清洁，延长使用寿命，一般为聚乙烯（PE）材质。

可根据地形条件、水肥一体化系统设计压力、流量设置、造价成本等因素，选择不同材质、管径、承压系数的输水干管、支管和毛管，是经济合理地设计水肥一体化系统的关键。

（四）田间首部

在水肥一体化系统中，田间首部一般由空气阀、蝶阀、减压阀、叠片过滤器通过管道连接组合而成，是连接输水干管和输水支管的重要结构，能实现水肥一体化系统对特定地块的控制，具有灌水压力二次调节、水肥混合液的二次过滤、预防虹吸和水锤等功能。田间首部中减压阀的作用主要是实现田间灌溉的二次调压，确保灌溉压力保持恒定。需根据支管道设计供水量选择适合管径、流量的减压阀，以达到灌溉供需平衡。叠片过滤器主要作用是对肥料进行二次过滤，防止肥料在输送过程中与水中可溶性杂质反应产生不溶性沉淀物，造成灌水器堵塞。

（五）灌水器

在水肥一体化系统中，灌水器能按照作物需肥、需水规律，将水和养分精准输送到作物根部，使作物根部土壤经常保持在较佳水肥状态。水肥一体化系统灌水器主要分为滴灌系统灌水器和喷灌系统灌水器。

滴灌系统中，灌水器一般直接安装在毛管上，贴片式滴灌带/管、边缝式滴灌带、迷宫式滴头等较常用。可根据作物种植间距、需水规律、灌水时间和使用寿命等综合因素，选择合适的灌水器。蔬菜、大田作物一般选择贴片式滴灌带、边缝式滴灌带，果树一般选择迷宫式滴头或贴片式滴灌管，以保证使用年限。

第二节　水肥一体化设备

水肥一体化设备主要由滴灌系统和施肥器组成。

一、滴灌系统

（一）滴灌的概念

滴灌是按照作物需水要求，通过低压管道系统与安装在毛管上的灌水器，将水和养分一滴一滴均匀而又缓慢地滴入作物根区土壤中的灌溉方法。滴灌不破坏土壤结构，土壤内部水、肥、气、热经常保持处于适宜作物生长的良好状况，水分蒸发损失小，不产生地面径流，几乎没有深层渗漏，是一种省水灌溉方式，水利用率可达95%。滴灌的主要特点是灌水量小，灌水器每小时流量为2~12升。因此，一次灌水延续时间较长，灌水周期较短，可以做到小水勤灌；需要的工作压力低，能够较准确地控制灌水量，可减少无效的株间蒸发，不会造成水的浪费；灌水与施肥结合进行，肥效可提高1倍以上。滴灌可进行自动化管理，适用于果树、蔬菜、经济作物以及温室大棚灌溉，在干旱缺水地区也可用于大田作物灌溉。滴灌时滴头易结垢和堵塞，生产中应对水源进行严格的过滤处理。

（二）滴灌的优点

1.节水、节肥、省工

滴灌属于全管道输水和局部微量灌溉，可使水分的渗漏和损失降低到最低限度。同时，滴灌容易控制水量，能做到适时地供应作物根区所需水分，不存在外围水的损失问题，使水的利用效率大大提高，比喷灌节水35%～75%。灌溉可以方便地结合施肥，即把化肥溶解后灌注入灌溉系统，养分可直接均匀地施到作物根系层，实现了水肥同步，极大地提高了肥料利用率。同时，因为是小范围局部控制，微量灌溉，水肥渗漏较少，故可节省化肥施用量，减轻污染。运用滴灌施肥技术，可为作物及时补充价格昂贵的微量元素，避免浪费。由于株间未供应充足的水分，杂草不易生长，因而作物与杂草争夺养分的干扰大为减轻，减少了除草用工。滴灌系统仅通过阀门人工或自动控制，又结合了施肥，可明显节省劳力投入，降低了生产成本。

2.控制温度和湿度

传统沟灌的大棚，一次灌水量大，棚温、地温降低太快，回升较慢，地表长时间保持湿润，且蒸发量加大，室内湿度太高，易导致病虫害发生。滴灌属于局部微灌，由滴头均匀缓慢地向根系土壤层供水，对地温的保持、回升，减少水分蒸发，降低室内湿度等均有明显的效果。采用膜下滴灌，即把滴灌管（带）布置在膜下，效果更佳。由于滴灌操作方便，可实行高频灌溉，出流孔很小，流速缓慢，每次灌水时间比较长，土壤水分变化幅度小，故可控制根区内土壤长时间保持在最适合作物生长的湿度。由于控制了室内空气湿度和土壤湿度，因此可明显减少病虫害的发生，减少农药的用量。

3.保持土壤结构

传统沟畦灌水量较大，设施土壤受到较多的冲刷、压实和侵蚀，若不及时中耕松土，会导致严重板结、通气性下降，使土壤结构遭到一定程度的破坏。滴灌属微量灌溉，水分缓慢均匀地渗入土壤，可保持土壤结构，并形成适宜的土壤水、肥、气、热环境。

4.提高产品质量、增产增效

由于应用滴灌减少了水肥、农药的使用量，可明显改善产品的品质。设施园艺采用滴灌技术符合高产、高效、优质的现代农业要求，较传统的灌溉方式，可大大提高产品产量和质量，提早采收上市，并减少了成本投入，经济效益显著。

（三）滴灌分类

1.根据不同作物和种植类型分类

（1）固定式滴灌系统

全部管网安装好后不再移动，适用于果树、葡萄、瓜果及蔬菜等作物。

（2）半固定式滴灌系统

干、支管道为固定的，只有田间的毛管是移动的。一条毛管可控制数行作物，灌完一行后再移至另一行进行灌溉，依次移动可灌数行，可提高毛管的利用率，降低设备投资。这种类型滴灌系统适用于宽行蔬菜与瓜果等作物的灌溉。

2.根据毛管在田间布置方式分类

（1）地面固定式

毛管布置在地面，在灌水期间毛管和灌水器不移动的系统称为地面固定式系统，应用于果园、温室大棚和少数大田作物灌溉。灌水器包括各种滴头和滴灌管、带。优点是安装、维护方便，便于检查土壤湿润情况和滴头流量变化的情况；缺点是毛管和灌水器易于损坏和老化，对田间耕作也有影响。

（2）地下固定式

将毛管和灌水器全部埋入地下的系统称为地下固定式系统。是近年来随着滴灌技术的不断提高和灌水器堵塞情况的减少才出现的滴灌方式，生产中应用面积较少。与地面固定式系统相比，优点是免除了在作物种植和收获前后安装和拆卸毛管的工作，不影响田间耕作，延长了设备的使用寿命。

（3）移动式

在灌水期间，毛管和灌水器在灌溉完成后由一个位置移向另一个位置进行灌溉的系统称为移动式滴灌系统，此种系统应用也较少。与固定式系统相比，提高了设备的利用率，降低了投资成本，常用于大田作物和灌溉次数较少的作物。但操作管理比较麻烦，管理运行费用较高，适合于干旱缺水、经济条件较差的地区使用。

3.根据控制系统运行方式分类

（1）手动控制

系统的所有操作均由人工完成，如水泵、阀门的开启和关闭，灌溉时间的长短及何时灌溉等也由人来决定。这类系统的优点是成本较低，控制部分技术含量不高，便于使用和维护，适合在广大农村推广；不足之处是使用的方便性较差，不适宜控制大面积灌溉。

（2）全自动控制

系统不需要人直接参与，通过预先编制好的控制程序，根据反映作物需水状况的某些参数，可以长时间地自动启闭水泵和自动按一定的轮灌顺序进行灌溉。人的作用只是调整控制程序和检修控制设备。该系统中，除灌水器、管道、管件及水泵、电机外，还包括中央控制器、自动阀、传感器及电线等。

（3）半自动控制

系统在灌溉区域设有传感器，灌水时间、灌水量和灌溉周期等均是根据预先编制的程序，而不是根据作物和土壤水分及气象资料的反馈信息来控制的。这类系统的自动化程度不等，有的是一部分实行自动控制，有的是几部分实行自动控制。

（四）滴灌系统组成

滴灌系统一般由水源、首部控制枢纽、各级输水管道和滴水器组成。

1.滴灌系统水源

滴灌系统的水源可以是机井、泉水、水库、渠道、江河、湖泊、池塘等，但水质必须符合灌溉水质的要求，并且要求含砂量和杂质较少，含砂量较大时则应采用沉淀等方法处理。

2.首部控制枢纽

首部控制枢纽一般包括水泵、动力机、过滤器、施肥罐、控制与测量仪表、调节装置等。其作用是从水源取水加压并注入肥料经过滤后按时、按量输送进入管网，担负着整个系统的驱动、测量和调控任务，是全系统的控制调配中心。

滴灌常用的水泵有潜水泵、离心泵、深井泵、管道泵等，水泵的作用是将水流加压至系统所需压力并将其输送到输水管网。动力机可以是电动机、柴油机等，如果水源的自然水头能够满足滴灌系统压力要求，则可省去水泵和动力机。施肥装置的作用是使易溶于水并适于根施的肥料、农药、除草剂、化控药品等在施肥罐内充分溶解，然后通过滴灌系统输送到作物根部。肥料罐一般安装在过滤器之前，以防造成堵塞。

过滤设备是将水流过滤，防止各种污物进入滴灌系统堵塞滴头或在系统中形成沉淀。河流和水库等水质较差的水源，需建沉淀池。

流量、压力测量仪表用于管道中的流量及压力测量，一般有压力表、水表等。安全保护装置用来保证系统在规定压力范围内工作，消除管路中的气阻和真空等，一般有控制器、传感器、电磁阀、水动阀、空气阀等。调节控制装置一般包括各种阀门，如闸阀、球阀、蝶阀等，其作用是控制和调节滴灌系统的流量和压力。

3.输水管道

滴灌系统的输水管道包括干管、支管、毛管及必要的调节设备，其作用是将加压水均匀地输送到滴头。干、支管一般为硬质塑料管，毛管用软塑料管。

4.滴水器

滴水器是滴灌系统中最关键的部件，为直接向作物施水肥的设备。滴水器是在一定的工作压力下，通过流道或孔口将毛管中的水流变成滴状或细流状均匀地浇入作物根区土壤的装置，其流量一般不大于12升/小时。按滴水器的构造方式的不同，滴水器通常分为滴头、滴箭、滴灌管、滴灌带等。

（五）过滤装置

任何水源的灌溉水均不同程度地含有各种杂质，而微灌系统中灌水器出口的孔径很小，很容易被水源中的杂质堵塞。因此，对灌溉水源进行严格的过滤处理是微灌中必不可少的步骤，是保障微灌系统正常运行、延长灌水器使用寿命和保障灌溉质量的关键措施。过滤设备主要有沉淀池、拦污栅、离心过滤器、砂石过滤器、筛网过滤器、叠片过滤器等。各种过滤设备可以在首部枢纽单独使用，也可根据水源水质情况组合使用。

1.砂石过滤器

此类过滤器是利用砂石作为过滤介质的一种过滤设备，一般在过滤罐中放1.5~4毫米厚的砂砾石，污水由进水口进入滤罐，经过砂石之间的孔隙截流和俘获而达到过滤的目的。对于表面积大、附着力强的细小颗粒及有机质等比重较小的颗粒效果好，比重较大的颗粒不易反冲洗。该过滤器主要适用于有机物杂质的过滤，可清除水中的悬浮物。砂石过滤器的优点是过滤可靠、清洁度高；缺点是价格高、体积大和重量大，需要按照当地水质情况定期更换砂石。生产中一定要按照设计流量使用，流量过大会导致过滤精度下降，当进、出口压降大于0.07兆帕时，应进行反冲洗。一般在地表水源中作为一级过滤器使用，与叠片过滤器或筛网式过滤器同时使用效果更好。

2.旋流砂石分离器

旋流砂石分离器也叫离心过滤器，常见的结构形式有圆柱形和圆锥形两种。由进口、出口、旋涡室、分离室、贮污室和排污口等部分组成。将压力水流沿切线方向流入圆柱形或圆锥形过滤罐，做旋转运动，在离心力作用下，比水重的杂质移向四周并逐渐下沉，清水上升，水、砂分离。旋流砂石过滤器可以连续过滤高含砂量的滴灌水，处理比重较大的砂砾，但是与水比重相近或较轻的杂质过滤作用不明显。生产中需要定期地进行除砂清理，清理时间按照当地水质情况而定。由于在开泵和停泵的瞬间水流不稳，会影响过滤效果，一般在地下水源中作为一级过滤器使用，与叠片过滤器或筛网式过滤器同时使用效果更好。

3.筛网式过滤器

此类过滤器的过滤介质是尼龙筛网或不锈钢筛网，筛网孔径一般不超过滴头水流通道直径的10%～20%。杂质在经过过滤器时，会被筛网拦截在筛网内壁，主要清除水中的各种杂质，需要定期清洗过滤器的筛网，建议每次灌溉后均要清洗。此类过滤器在安装过程中必须按照规定的进水方向安装，不可反向使用；如果发现筛网或密封圈损坏，必须及时更换，否则将失去过滤效果。一般配合旋转式水砂分离器和砂石过滤器作为二级过滤器使用。

4.叠片过滤器

此类过滤器采用带沟槽的塑料圆片作为过滤介质，许多层圆片叠加压紧，两叠片间的槽形成缝隙，灌溉水流过叠片，泥沙和有机物等留在叠片沟槽中，清水通过叠片的沟槽流出过滤器。需要按照当地水质情况定期清洗过滤器，清洗时松开叠片即可除去杂质。此类过滤器在安装过程中必须按照规定的进水方向安装，不可反向使用。适用于有机质和混合杂质过滤，一般配合旋转式水砂分离器和砂石过滤器作为二级过滤器使用。

5.沉淀池

通过降低流速、减少扰动、增加停留时间，沉淀处理绝大部分粗砂颗粒、大部分细砂颗粒及部分泥土颗粒。需要注意的是砂石和网式过滤器只能作为保险装置，不能处理大量泥砂。

（六）滴水器的要求与类型

1.滴水器的要求

滴水器是滴灌系统的核心，要满足以下要求：在一定压力范围内有一个相对较低而稳定的流量，每个滴水器的出水口流量应在2～8升/小时之间。滴头的流道细小，直径一般小于2毫米，流道制造精度要高，以免对滴水器的出流能力造成较大的影响。同时，水流在毛管流动中的摩擦阻力降低了水流压力，从而也就降低了末端滴头的流量。为了保证滴灌系统具有足够的灌水均匀度，一般应将系统中的流量差限制在10%以内。大的过流断面，为了在滴头部位产生较大的压力损失和一个较小的流量，水流通道断面最小规格可在0.3～1毫米之间变化。滴头流道断面较小很容易造成流道堵塞，若增大滴头流道断面，则需增加流道长度。

2.滴水器分类

滴水器种类较多，其分类方法也不相同，主要有以下几种分类方式。

（1）按滴水器与毛管的连接方式分类

一是管间式滴头。把灌水器安装在两段毛管的中间，使滴水器本身成为毛管的一部分。二是管上式滴头。直接插在毛管壁上的滴水器。

（2）按滴水器的消能方式分类

一是长流道式消能滴水器。该滴水器主要是靠水流与流道壁之间的摩擦耗能来调节滴水器出水量的大小。二是孔口消能式滴水器。以孔口出流造成的局部水头损失来消能的滴水器。三是涡流消能式滴水器。水流进入滴水器流室的边缘，在涡流的中心产生一低压区，使中心的出水口处压力较低，因而滴水器的出流量较小。设计良好的涡流式滴水器的流量对工作压力变化的敏感程度较小。四是压力补偿式滴水器。该滴水器是借助水流压力使弹性体部件或流道改变形状，从而使过水断面面积发生变化，使滴头出流小而稳定。优点是能自动调节出水量和自清洗，出水均匀度高，但制造较复杂。五是滴灌管或滴灌带式滴水器。滴头与毛管制造成一整体，兼具配水和滴水功能的管称为滴灌管。按滴灌管（带）的结构可分为内镶式滴灌管和薄壁式滴灌管两种。

（3）按滴水器外形分类

一是滴头。滴头通常有长流道型、孔口型、涡流型等多种。滴头与毛管采用外连接。滴头通常放在土壤表面，也可以浅埋保护。注意选用抗堵塞性强、性能稳定的滴头。滴灌设计时，应根据土壤及种植作物的灌溉制度、滴头工作压力和流量选择合适的滴头。滴头按压力分为压力补偿式和非压力补偿式，压力补偿式滴头主要用于长距离铺设或在存在高差的地方铺设；非压力补偿式用于短距离铺设。滴头主要用于盆栽花卉的灌溉，通常是配合滴箭使用。二是滴箭。滴箭由直径4毫米的PE管、滴箭头及专用接头连接后插入毛管而成，主要用于盆栽和无土栽培等。三是滴灌管。滴灌管是指滴头与毛管制造成的一个整体，兼备配水和滴水功能。滴灌管按出水压力分为压力补偿式和非压力补偿式两种，压力补偿式主要用于长距离铺设或在起伏地形中铺设。按结构可分为内镶式滴灌管和薄壁式滴灌管两种。

（七）设施蔬菜重力滴灌

1.重力滴灌简介

重力滴灌将世界上最先进的灌溉技术与最原始的灌溉条件相结合，使生产者在不改变现有灌溉条件的情况下，使用最先进的设备进行灌溉。一家一户棚室栽培时，只需自备一只汽油桶，将桶垫高50厘米，将过滤器放在桶内，再与主管道连接后接滴灌管。所有管道都是拼插件连接，如果棚室较集中，只需在水源附近建蓄水池，将过滤器放入水池中，水过滤后经管道送入各棚室内。生产中可视情况在蓄水池处装总阀，统一控制灌溉时间；也可在各棚室内装分阀，由各棚室自主控制灌溉时间。整套系统无须计算机控制，无须大量的土木工程，运行时无须用电和泵，靠50厘米落差的自然大气压就可驱动整套系统运行，简单易行。

2.日光温室简易重力滴灌

日光温室简易重力滴灌系统具有节水、增产、降温、省工、高效、减轻病虫害等优点，利用水位差形成的水压实现自然滴灌，不需动力。每个标准日光温室安装重力滴灌系统的成本很低。重力滴灌系统主要由蓄水池、阀口控制部分、输水管道和滴灌管组成。

日光温室简易重力滴灌的优势：一是简易滴灌能适时、适量地向蔬菜根部供水、供肥、供药，使根际土壤保持适量的水分、氧气和养分，为蔬菜生长营造良好环境，产量比漫灌增加45%左右；二是节约用水；三是造价低；四是提高棚温；五是减少病虫害；六是节省肥料；七是滴灌管摆放在地表，出现堵塞现象时，便于发现和消除。

二、水肥一体化系统中的施肥（药）设备

微灌系统中向压力管道注入可溶性肥料或农药溶液的设备及装置称为施肥（药）装置。为了确保灌溉系统在施肥施药时运行正常并防止水源污染，生产中必须注意以下几点：一是化肥或农药的注入一定要在水源与过滤器之间，肥（药）液先经过过滤器之后再进入灌溉管道，使未溶解的化肥和其他杂质被清除掉，以免堵塞管道及灌水器；二是施肥和施药后必须利用清水把残留在系统内的肥（药）液全部冲洗干净，防止设备被腐蚀；三是在化肥或农药输液管出口处与水源之间一定要安装逆止阀，防止肥（药）液流进水源，严禁直接把化肥和农药加进水源而造成环境污染，肥料罐一般安装在过滤器之前，以防造成堵塞。

（一）压差式施肥装置

1.压差式施肥装置基本原理

压差式施肥装置也称为旁通施肥罐，一般由贮液罐、进水管、供肥液管、调压阀等组成。其工作原理是进水管、供肥液管分别与施肥罐的进、出口连接，然后与主管道相连接，在主管道上与进水管及供肥管接点之间设置一个截止阀以产生较小的压力差，使一部分水流流入施肥罐，进水管直达罐底，水溶解罐中肥料后，肥料溶液由出水管进入主管道，将肥料带到作物根区。贮液罐为承压容器，承受与管道相同的压力。

2.压差式施肥装置基本操作方法

根据各轮灌区具体面积或作物株数计算好当次施肥的数量，称好或量好每个轮灌区的肥料。用两根各配一个阀门的管子将旁通管与主管接通，为便于移动，每根管子上可配用快速接头。将液体肥直接倒入施肥罐，固体肥料则应先将肥料溶解并通过滤网注入施肥罐。在使用容积较小的罐时，可以将固体肥直接投入施肥罐，使肥料在灌溉过程中溶解，但需要5倍以上的水量以确保所有肥料被溶解用完。注完肥料溶液后扣紧罐盖。关闭旁通管的进、出口阀，并同时打开旁通管的逆止阀，然后打开主管道逆止阀。打开旁通管进、出口阀，然后慢慢地关闭逆止阀，同时注意观察压力表到所需的压差。有条件可以用电导率仪测定施肥所需时间。施肥完后关闭施肥罐的进、出口阀门。施用下一罐肥时，必须事先排掉

罐内的积水。在施肥罐进水口处应安装一个1/2英寸的真空排除阀或1/2英寸的球阀，在打开罐底的排水开关前，应先打开真空排除阀或球阀，否则水排不出去。

3.旁通施肥罐的优点及适用范围

优点：无须外加动力，省电、省工；成本低廉，经济适用；安装、使用方便。

适用范围：在单棚单井滴灌施肥系统中广泛应用。

（二）文丘里施肥器

1.文丘里施肥器基本原理

文丘里施肥器与微灌系统或灌区入口处的供水管控制阀门并联安装，使用时将控制阀门关小，使控制阀门前后有一定的压差，使水流经过安装文丘里施肥器的支管，利用水流通过文丘里管产生的真空吸力，将肥料溶液从敞口的肥料桶中均匀吸入管道系统进行施肥。其原理是让水流通过一个由大渐小然后由小到大的管道时，水流经狭窄部分时流速加大，压力下降，当喉部管径小到一定程度时管内水流便形成负压，在喉管侧壁上的小口可以将肥料溶液从一敞口肥料罐通过小管径细管吸上来。文丘里施肥器可安装于主管路上，或作为管路的旁通件安装，文丘里施肥器的流量范围由制造厂家给定，主要通过进口压力和喉部规格影响施肥器的流量，每种规格只有在给定的范围内才能准确运行。

2.文丘里施肥器的类型

（1）简单型

结构简单，只有射流收缩段，因水头损失过大一般不宜采用。

（2）改进型

灌溉管网内的压力变化可能会干扰施肥过程的正常运行或引起事故。为防止这些情况发生，在单段射流管的基础上，增设单向阀和真空破坏阀，当产生抽吸作用的压力过小或进口压力过低时，水会从主管道流进贮肥罐以致产生溢流。在抽吸管前安装一个单向阀，或在管道上装一球阀均可解决这一问题。当文丘里施肥器的吸入室为负压时，单向阀的阀芯在吸力作用下打开，开始吸肥；当吸入室为正压时，单向阀阀芯在水压作用下关闭，防止水从吸入口流出。

（3）两段式

国外研制了改进的两段式文丘里施肥器结构，使得吸肥时的水头损失只有入口处压力的12%～15%，从而克服了文丘里施肥器的基本缺陷，已得到了广泛应用。其不足之处是流量相应降低了。

3.文丘里施肥器安装与运行

一般情况下，文丘里施肥器安装在旁通管上，这样只需部分流量经过射流段。这种旁通运行可以使用较小的文丘里施肥器，以便于移动。不加肥时，系统也正常工作；施肥面积很小且不考虑压力损耗时也可以用串联安装。在旁通管上安装的文丘里施肥器，常采用旁通调压阀产生压差，调压阀的水头损失足以分配压力。如果肥液在主管过滤器之后流入主管，抽吸的肥水要单独过滤，可在吸肥口包一块100～120目的尼龙网或不锈钢网，或在肥液输送管的末端安装一个耐腐蚀的过滤器，筛网规格为120目。

4.文丘里施肥器的优点及适用范围

优点：借助灌溉系统水力驱动，无须外加动力；无运动零部件，可靠性强，日常维护少；正常系统流量下，吸肥量始终保持恒定；压力灌溉系统中最经济高效的注肥方式；体积小重量轻，安装灵活方便，节省空间；可同时吸取多种肥料或加倍吸肥量；有专业配套的逆止阀、过滤吸头、限流阀、流量计等可选。

适用范围：在各种灌溉施肥系统中普遍应用，尤其是薄壁多孔管微灌系统的工作压力较低，可以采用文丘里施肥器。

（三）重力自压式施肥法

应用重力滴灌或微喷灌的，可以采用重力自压式施肥法。在保护地内将贮水罐架高，肥料溶解于池水中，利用高水位势能压力将肥液注入系统。该方法仅适用于面积较小的保护地。

（四）泵吸肥法

泵吸肥法是利用离心泵将肥料溶液吸入管道系统进行施肥的方法，适合于任何面积的施肥，尤其在地下水位低、使用离心泵的地方广泛应用。为防止肥料溶液倒流入水池而污染水源，可在吸水管后面安装逆止阀。通常在吸肥管的入口包上100～120目滤网，防止杂质进入管道。该法的优点是无须外加动力、结构简单、操作方便、施肥速度快，可用敞口容器盛肥料溶液，水压恒定时可做到按比例施肥。可以通过调节肥液管上的阀门控制施肥速度。

（五）泵注肥法

该方法的原理是利用加压泵将肥料溶液注入有压管道，注入口可以在管道上任何位置，通常泵产生的压力必须大于输水管的水压，否则肥料注不进去。在有压力的管道中施肥，泵注肥法是最佳选择，生产中多在示范园区的现代化温室采用。喷农药常用的柱塞泵或一般水泵均可使用。泵注施肥法施肥速度可以调节，施肥浓度均匀，操作方便，不消耗系统压力。不足之处是要单独配置施肥泵。施肥不频繁的地区可以使用普通清水泵，施肥完毕用清水清洗，一般不生锈；施肥频繁的地区，建议使用耐腐蚀的化工泵。

（六）比例施肥器

比例施肥器是目前常用的施肥器类型，主要为水动注肥泵，将浓溶液按照固定比例注入母液。其工作原理是将比例施肥器安装在供水管路中，利用管路中水流的压力驱动，比例泵体内活塞做往复运动，将浓溶液按照设定好的比例吸入泵体，与母液混合后被输送到下游管路。无论供水管路上的水量和压力发生什么变化，所注入浓缩液的剂量与进入比例泵的水量始终成比例。优点是水力驱动，无须电力；流动水流推动活塞；精确地按比例添加药液，只要有水流通过就能一直按比例添加并使比例保持恒定。

第三节 主要蔬菜作物水肥一体化实用技术

一、黄瓜水肥一体化技术

黄瓜为一年生草本植物，属喜温蔬菜，全生育期以10～30℃为健壮植株适宜生长温度，10℃以下生理失调，5℃以下生长受到抑制，-2℃会冻死。黄瓜根系浅，主要集中分布在近地表25～30厘米土层和植株周围30厘米的范围内，主根纵向伸展以及根系横向伸展均可达1米。黄瓜对养分需求严格，种植黄瓜的地块要土壤疏松肥沃，富含有机质，适合在弱酸性至中性土壤环境条件下生长，最适pH值5.7~7.2。当土壤pH值小于5.5，植株就容易发生多种生理障碍，当土壤pH值高于7.2时，易烧根死苗，发生盐害。黄瓜在黏土中发根不良，在沙土中发根前期虽旺盛，但易于老化早衰。

采用水肥一体化技术，可按照黄瓜生长需求，进行全生育期养分需求设计，把水分和养分定量、定时，按比例直接提供给作物，这种方式能克服大水漫灌和过量施肥造成的环境污染和产品质量降低问题。与传统施肥相比，采用水肥一体化技术每年每亩可节水80~120立方米，节肥20%~30%，设施内空气相对湿度可降低14%，地温升高3~5℃，黄瓜早上市7~10天，农药减少用量15%~30%，节省劳动用工6~10个，节省投资300~600元。

（一）黄瓜品种选择

大棚春黄瓜栽培应选择早熟或极早熟，耐寒、耐弱光，抗病力强，前期产量高、瓜型好的品种。日光温室越冬茬黄瓜应选择具备早熟、抗病、优质、高产、耐低温弱光、雌花节位低、商品性好、适合市场需求等特点的品种。

（二）黄瓜育苗定植

将药液浸泡过的种子用清水洗净后装入干净的、用开水烫过的纱布袋中，外包一层塑膜，置于25℃左右的环境中催芽1~2天，待2/3的种子露白后播种，播种深度1厘米左右，然后覆盖地膜，以利保墒、提温、促使出苗齐快。出苗期要求棚室内气温：白天25~30℃，夜间15~20℃。黄瓜出苗达到2/3时，揭去地膜，出齐苗后撤去小拱棚，温室通风降温使苗床温度降至23~25℃，炼苗，促苗粗壮。生产上黄瓜育苗常采用嫁接育苗，一是为了抗土传病害，特别是提高对枯萎病的抵抗能力；二是提高黄瓜根系的耐寒性和抗逆性，克服重茬导致的土壤连作障碍。当黄瓜嫁接苗长到3~4片真叶时，开始定植，定植密度一般为3 000~3 500株/亩。起垄栽培，垄宽1.1~1.2米，大小行定植，大行75~80厘米，小行40~50厘米，株距25~30厘米。

（三）黄瓜水肥一体化系统设备安装及水源

设施黄瓜栽培适宜的灌溉施肥模式为膜下滴灌施肥，水肥一体化技术的设备主要由动力泵、施肥罐、过滤器、滴灌总管、滴灌支管、滴灌毛管几部分组成。下面介绍我国常见的日光温室黄瓜长季节栽培水肥一体化技术。

1.首部枢纽的安装

首先在输水管上安装一个主控阀，用来控制水流量和压力。然后在输水管上安装一个水表，便于掌握用水量。然后安装施肥罐，施肥系统采用压差式施肥器或文丘里施肥器，并配套安装过滤器，以便滤去水中的杂质。水源以自来水供水，出水口在温室中部为最佳。无自来水的温室，设置蓄水池或储水桶，水位要高出灌溉地面1米左右。

2.支管、毛管的铺设

首部枢纽安装完成后，就开始顺着大棚走向布设支管。支管的前端与首部枢纽的主管相接，支管末端用堵头堵住。毛管与支管垂直连接，采用每行黄瓜一根毛管的铺设方式，根据黄瓜垄上种植两行的特点，两条毛管铺设在两行黄瓜的内侧。黄瓜的株距一般为25~30厘米，选用的毛管滴头间距也应为25~30厘米。滴水头的滴水速度以每小时1.65升为宜。在毛管布设前要先做好基肥施用、耕翻、起垄等操作，然后覆盖地膜，膜两边扯紧压实，并用湿土压好口。

（四）黄瓜水肥耦合制度

黄瓜是需水量较大、对水分要求非常严格的蔬菜作物，而且不同生育期对矿物质元素的吸收和分配不同，需水量也不一样。同时水分、养分的吸收和利用受气候、土壤条件的影响较大，因此，要根据黄瓜生长规律选择合适的施肥种类和浓度。一般黄瓜的灌水下限在土壤相对含水量的60%~75%，灌溉上限为土壤相对含水量的90%时，黄瓜产量高、品质好、水分利用率高。黄瓜定植后对水肥管理的要求大体分五个时期。

1.缓苗期

这一时期大约10天，以缓苗和促进黄瓜根系生长为主要目标，这一时期只灌水，不需要施肥，要求土壤绝对含水量25%以上。

2.开花期

施水肥1次，每亩用尿素3～5千克，用水8～10立方米，使苗齐且壮、根系发达，促进花芽分化，保花保果。

3.初瓜期

40～50天，施水肥2次，每次施尿素5千克/亩、硫酸钾3千克/亩，用水总量20～36立方米/亩。

4.结瓜盛期

约80天，此期大量结瓜，必须协调好营养生长与生殖生长的平衡，施水肥7～8次，每次施尿素3～5千克/亩、磷酸二氢铵3千克/亩、硫酸钾3千克/亩，用水总量为120～170立方米/亩。

5.末瓜期

由结瓜盛期转向衰弱期，为防止早衰，延长生育期，此时期要求灌水肥2～3次，每次仅施尿素3千克/亩，用水总量16～30立方米/亩。

（五）黄瓜水肥一体化配套技术

1.黄瓜嫁接育苗

黄瓜嫁接育苗，可使植株生长旺盛，达到增强植株抗低温、抗土传病害能力，增加产量，提高产值的目的。选用与黄瓜亲和力好的云南黑籽南瓜作为砧木。南瓜、黄瓜种子均需提前浸种催芽。出苗前气温保持在25～30℃，3天即可出苗。苗齐后白天气温应保持在22～25℃，夜间15～18℃。为便于嫁接和避免接口过低，要求南瓜胚轴长度达到6～7厘米，黄瓜胚轴长度达到3～4厘米。注意调节播期，靠接时先播黄瓜，5～7天后再播南瓜；插接时两者可同时播种。嫁接后立即栽到育苗容器中或苗床内。苗床一般设在温室内，栽苗后立即扣上小拱棚，提高温度，保持较高的空气相对湿度。

2.植株调整

当黄瓜苗7片叶左右时，及时吊蔓，摘除侧枝、卷须，砧木萌发的侧枝要及时摘除。雌花过多或出现花打顶时要疏去部分雌花，对已分化的雌花和幼瓜也要及时去掉。进入结瓜中后期及时落蔓，落蔓后每株要保留15～16片绿色叶片。落蔓时摘除卷须及化瓜，并疏掉部分雌花。小黄瓜生长期长，栽培时不用摘心，顶心折断缺失时可从下部选1～2个侧枝代替。管理中注意及时清除老叶、黄叶和病叶。

3.黄瓜病虫害防治

黄瓜病害主要有霜霉病、灰霉病、白粉病、细菌性角斑病、枯萎病等，虫害有潜叶蝇、蚜虫、白粉虱等。保护地栽培应预防为主，防治结合。生长期每隔10~15天可用100克/升氰霜唑2 000倍液、50%的克菌丹500倍液、30%的醚菌酯1 500倍液、70%的甲基托布津800倍液等交替喷雾，预防病害发生。霜霉病可用50%的烯酰吗啉1 500倍液、72%的杜邦克露800倍液、58%的雷多米尔锰锌700倍液等喷雾防治；阴雨天气可用45%百菌清烟剂熏烟防治。灰霉病可用2亿/克木霉素1500倍液、50%的菌霉灵1 000~1 500倍液、65%的甲霉灵1 000~1 200倍液、21%的克菌灵400倍液等喷雾防治，每隔7~10天1次，连续喷2~3次。白粉病可用25%的乙嘧粉1000倍液、10%的世高2 000倍液、30%的特富灵5 000倍液等喷雾防治。细菌性角斑病可用30%的乙酸素2 000倍液、77%的可杀得600~700倍液、50%的DT杀菌剂800倍液等喷雾防治。

二、番茄水肥一体化技术

番茄是喜温、喜光性作物，在正常条件下，同化作用最适温度为20~25℃，根系生长最适土温为20~22℃，提高土温不仅能促进根系发育，还能使土壤中硝态氮含量显著增加，生长发育加速，产量增高。番茄光饱和点为7万勒克斯，适宜光照强度为3万~5万勒克斯。在由营养生长转向生殖生长过程中基本要求短日照，但要求并不严格，有些品种在短日照下可提前现蕾开花，多数品种则在11~13小时的日照下开花较早，植株生长健壮。

番茄需要较多的水分，但不能经常大量地灌溉，一般以土壤相对含水量60%~80%、空气相对湿度45%~50%为宜。番茄对土壤条件要求不太严格，但为获得丰产，促进根系良好发育，应选用土层深厚、排水良好、富含有机质的肥沃壤土。番茄需肥量较大，各时期都应保证充足的营养，不同生育时期对肥量的需求又有一定差异，前期侧重氮肥，后期侧重钾肥，磷肥的需求贯穿生育期始终。整个生育期间要保证钾肥的需求量。

（一）番茄品种选择

番茄品种类型非常丰富，根据植株的生长结果习性，可分为有限生长型和无限生长型。设施栽培时应根据不同设施、不同栽培季节、栽培规模、当地市场需求等方面选用相应的番茄品种。春夏季和秋延后栽培，为防止番茄黄化曲叶病毒应选用抗病毒和耐高温品种；冬季和早春栽培可选用耐低温弱光、高产、优质的番茄品种；还可根据根结线虫、叶霉病害发生情况，针对性地选用抗病的番茄品种。

（二）番茄育苗定植

1.番茄确定苗龄

根据不同栽培季节确定适宜的苗龄，冬春栽培苗龄一般50～60天，春夏及秋延后栽培的苗龄控制在25天左右。采用穴盘育苗技术，一般选用72孔穴盘，苗龄较长的选用48孔的穴盘，大苗龄的可选用营养钵育苗。

2.番茄播种育苗

穴盘基质装好后，开始播种，每个穴孔播1粒，播完后再用基质把穴眼装满，用木条把多余基质刮去。播种后的穴盘摆放在事先准备好的苗床上，穴盘与穴盘四周要重叠，摆放完毕后用育苗专用喷头喷足水分。冬季育苗提倡使用电加热育苗；早春或冬季育苗，播种后穴盘上需覆盖地膜保湿保温；晚春或夏季育苗需覆盖遮阳网降温，防止阳光直射失水伤种子。

3.番茄苗期管理

出苗后，不干尽量不浇水，发现个别苗萎蔫时再浇水，每次浇水量不宜过大，浇水量过大不仅导致基质中养分流失，还容易形成徒长苗。浇水宜在早上进行，傍晚不浇水，否则也易使秧苗徒长。出苗期温度管理白天控制在25～29℃，夜间在15～20℃；出苗后白天温度保持18～22℃，夜间12～15℃，夜间温度不能经常低于10℃，如果此时遇低于10℃的低温，容易导致花芽分化不良形成畸形果。

4.番茄定植

定植前先做好畦，总的原则是高畦、深沟，畦面宽1.1～1.3米，畦沟深30厘米，沟底宽20厘米，沟口宽30～35厘米，沿畦边约20厘米开定植沟。畦做好后，畦面中间铺设喷灌管，进行全棚喷灌，25～30厘米耕层需浇透水。春夏季栽培为防治杂草和地下害虫，可每亩用33%的二甲戊灵200毫升、4.5%的高效氯氰菊酯40毫升加40%毒死蜱60毫升兑水30千克，于定植前2～3天在畦面均匀喷雾。定植密度可根据预留果台数来定，预留7～8台果穗，每畦定植两行，株距40厘米，亩栽2 600株左右；预留5台果穗，株距35厘米，亩栽3 000株左右。有限生长型需根据整枝方式等确定行株距和定植密度。这里以日光温室越冬茬为例介绍番茄水肥一体化实用技术。

（三）番茄系统水肥一体化灌溉系统设备安装及水源

1.首部枢纽安装

水肥一体化灌溉系统设备一般由首部、支管和毛管三部分组成。目前常用的首部施肥系统主要有文丘里式和压差式施肥罐两种。支管、毛管的走向和行距按照地形、水源及番茄的种植模式来设置。首部应该安在水源附近，要有离心泵和电机，电机功率为1千瓦，水泵上水量为每小时5～6立方米。为避免水源和肥料中的杂质堵塞管道，在输水管上游分别安装逆止阀、闸阀、网式过滤器。

2.支管、毛管铺设

首先将重力滴灌管与重力滴头连接好，然后在主管上打孔安装旁通，再在旁通上连接滴灌管，滴灌管与番茄种植行方向一致，与主管垂直将连接好的滴灌管摆放在种植行上，距种植穴10厘米左右，将滴灌管的一端与主管三通管上的接头相连，另一端用堵头堵上。毛管间距与番茄行距一致，管间距65厘米左右，流量为2.2升/小时。采用"一膜一管一行"等距定植，株距35厘米左右，滴灌管上平铺地膜，以待定植番茄，也可先定植后覆盖地膜。出水口在温室中部为最佳。

（四）番茄水肥耦合制度

1.定植至开花期

开花坐果前，掌握不干不浇的原则，适当控水，促进植株早开花坐果，若真正田干，引起中午高温时期植株萎蔫时，可于晴天上午进行浇水。滴灌两次，第一次滴灌可不施肥，用水量为15立方米/亩。第二次滴灌，肥料配方N：K_2O为1：0.8，施肥量为尿素10.9千克/亩，硫酸钾8千克/亩，用水量为14立方米/亩左右。

2.第一至第三层果坐住期

约每隔15天滴灌施肥1次，根据气温情况，一般用水量为8～18立方米/亩。施肥配方N：K_2O为1：1.25，尿素8.7千克/亩，硫酸钾10千克/亩。根据墒情，可随时浇水，气温高时浇水量可大些。

3.果实采收期

一般15～20天进行1次滴灌施肥，具体时间以天气情况或土壤墒情确定。施肥配方N：K_2O为1：1.25，用量为尿素8.7千克/亩，硫酸钾10千克/亩，用水量为12～18立方米/亩。气温高时，7～10天浇1次水肥，水量可增加到15～18立方米/亩。采收后期1～2穗果时，施肥配方不变，施肥量适当减少，用量为尿素7千克/亩，硫酸钾8千克/亩。

（五）番茄配套栽培技术

1.番茄吊蔓、整枝

番茄生育期较长，可采用麻绳或尼龙绳进行吊蔓，下部绑在番茄根部近地面处，上部绑在1.5～2.4米高的铁丝上，整枝方法与土壤肥力、气候条件有关，番茄生产中常用的整枝方法有单干整枝、摘心换头整枝和双干整枝3种方法。

2.番茄嫁接育苗

常用的嫁接方法有靠接、插接、劈接和套管接等，番茄套管接技术效率高，操作简便，对砧木、接穗茎的粗度要求不严格，即使是徒长苗也可以通过嫁接调整过来，同时省去了除砧木萌芽的工作。先将接穗和砧木在紧靠子叶下方横切或呈45度角斜切一刀，将针的一半插入砧木茎的中心，在砧木上方将接穗插入，使接穗和砧木切口紧密接合再套套管。嫁接后速将嫁接苗放入背阴处，并用雾化效果好的喷雾器喷雾，以不在叶面形成水滴为宜。同时支好小拱棚，将嫁接苗放入拱棚内，地面浇适量的水后盖好薄膜，上部再盖遮阳网。嫁接后温度保持在25～28℃，空气相对湿度93%～95%，接后第4天开始见光，适当通风，6～7天后进入正常管理。

3.番茄病虫害防治

秧苗期间要注意防治白粉虱和蚜虫，防止其传播病毒病，最有效的方法是秧苗期间覆盖防虫网；其次是使用粘虫板诱杀，粘虫板最好结合化学药剂预防，用吡蚜酮倍液预防一次蚜虫和白粉虱。育苗期间根据苗龄长短可用百菌清或代森锰锌预防2～3次，预防其他病害发生。总之，番茄整个生育期病虫害防治应按照"以防为主、以治为辅，综合防治"的原则进行。

（六）番茄灌溉注意事项

每次灌溉施肥前，按照肥水管理中所述肥料配方称取所用肥料，将肥料溶解、过滤，倒入施肥罐。施肥前先灌水20～30分钟再倒入肥液。施肥时，拧紧罐盖，打开进水阀和出水阀，水满后，调节阀门大小，使之产生2米左右的压差，将肥液吸入滴灌系统，通过各级管道和滴头，以水滴形式湿润土壤。施肥时间控制在40～60分钟。保证肥料全部施于土壤，提高肥效。用作滴灌的肥料应是速溶性肥料，要求常温下溶于水，与其他肥料混合不产生沉淀，对滴灌系统腐蚀性较小。滴灌肥一般分自制肥和专用肥，建议使用滴灌专用肥，要求养分含量要高。

三、叶菜类蔬菜水肥一体化技术

叶菜类蔬菜是指以柔嫩的叶片、叶柄或茎部供食用的一大类蔬菜的总称，包括白菜类、绿叶菜类、葱韭类、芽菜类等几大类，种植面积比较大的有大白菜、结球甘蓝、菠菜、芹菜、小白菜、生菜、空心菜、韭菜等。应选用抗病性好、抗逆性强、优质丰产、适应性广、商品性好的叶菜类蔬菜品种。

（一）叶菜类蔬菜播种育苗

夏秋叶菜类蔬菜一般在7月至9月上中旬进行播种，春季播种一般在12月中下旬至第二年2月上中旬进行。夏秋育苗选择在阴凉、湿润、灌溉方便的地方，春季播种一般在温室、大棚中。

莴笋、芹菜等种子催芽时，应先将种子浸泡6～8小时，然后用湿纱布包好，放入冰箱冷藏室内，保持温度在15℃左右；大白菜等其他叶菜种子催芽时，应先将种子浸泡3～4小时，然后用湿纱布包好保湿，待80%种子露白后即可播种。

除芹菜和韭菜因其苗龄较长，适合采用营养土育苗外，其他叶菜类蔬菜一般选用128孔或288孔穴盘育苗。288孔苗盘每1 000盘需备基质2.8立方米，128孔苗盘每1 000盘需备基质3.7立方米。基质的配制为草炭2份加蛭石1份，或草炭、蛭石、废菇料各1份，混合拌匀。覆盖料一律用蛭石。配制时每立方米基质加入0.5千克尿素和0.7千克磷酸二氢钾，或复合肥1.2千克。夏季育苗时每立方米基质中加入复合肥0.7千克。

夏秋苗期管理盖遮阳网育苗棚，每天上午8时盖，下午5时揭开。温度过高时，可往遮阳网上喷水降温。苗期要除草、间苗1～2次。苗期注意防治猝倒病，以75%的百菌清可湿性粉剂800倍液或70%的百德富可湿性粉剂500～700倍液，58%的雷多米尔可湿性粉剂500倍液喷淋防治。春季育苗还需要注意防寒保温。

（二）叶菜类蔬菜灌水制度

主要包括不同气候条件下，用某一特定的灌溉方式，特定作物全生育期的灌水次数、灌溉方式、灌溉定额、灌水定额等，依据墒情和土壤水分监测情况以及作物关键需水期确定灌期是提前还是错后、灌水次数是增加还是减少。

1.叶菜类蔬菜灌溉定额

叶菜类蔬菜夏、秋季肥水一体化灌溉定额为每天5立方米/亩，冬、春季灌溉定额为每天2.2立方米/亩，根据不同叶菜类蔬菜的生长期，即可计算出相应的灌水总量。

2.叶菜类蔬菜灌水量

灌水以土壤含水量在田间持水量的80%左右为宜，切忌或旱或涝。每次滴灌水量以滴灌区土壤湿润深度达到30厘米左右为宜。

3.叶菜类蔬菜灌溉方式

宜用微灌。

4.叶菜类蔬菜灌水时间

每次灌溉的时间也要因季节和气温不同而调整，夏秋季气温高时滴灌宜在早晚进行，而冬春季气温较低时滴灌应安排在中午前后温度相对较高的时段。

5.叶菜类蔬菜灌水水温

宜用地下井水直接灌溉，灌溉的水温最好不低于2～3℃，切忌直接使用河水、水库水和池塘中的冷水灌溉。

6.叶菜类蔬菜灌后管理

温室冬季叶菜灌水当天，为了尽快地使地温恢复，一般要封闭温室以迅速提高室内温度。灌水后为增温保墒，应进行多次中耕，植株长大后中耕易伤根，一般不再中耕。

（三）叶菜类蔬菜水肥耦合方案

1.母液配制

将选择的各种肥料分别在水中溶解，然后混合配制成一定浓度的肥料母液，常将A液和B液两部分肥料母液分别用储存罐分开保存。其中A液主要储存钙盐，仅与和钙不产生沉淀的盐类放在一起；B液储存磷酸盐和硫酸盐，仅与和SO_4^{2-}、PO_4^{3-}不产生沉淀的盐类放在一起；此外还可用第3个C液储存罐储存各种微量元素的母液。

2.叶菜类蔬菜施肥方法

追肥时先用清水滴灌5分钟以上，然后打开肥料母液储存罐的控制开关使肥料进入灌溉系统，通过调节施肥装置的水肥混合比例或控制肥料母液流量的阀门开关，使肥料母液以一定比例与灌溉水混合后施入田间。注入肥液浓度一般为灌溉流量的0.1%，如灌溉流量为50立方米/亩，注入肥液大约为50升/亩。

3.施肥次数和时间

施肥次数应当参考土壤肥力、蔬菜营养状况及天气进行，宜勤施薄施。至少5天需追肥1次，在晴好的天气及蔬菜生长旺盛时可每天或隔天追施少量水肥。

4.施肥程序

（1）程序一

将A液倒入施肥罐，盖紧施肥罐盖，启动水泵施肥，管道内空气排出后，将主管道控制闸阀开启一半，同时开启施肥进出水闸阀，运行10分钟，关停水泵，并关闭施肥罐进出水闸阀。

（2）程序二

B液倒入施肥罐，启动水泵施肥，将主管道控制闸阀开启一半，同时开启施肥进出水闸阀，运行10分钟左右，关停水泵，并关闭施肥进出水闸阀。

（3）程序三

C液倒入施肥罐，启动水泵施肥，将主管道控制闸阀开启一半，同时开启施肥进出水闸阀，运行10分钟左右后，完全开启控制闸阀，关闭施肥进出水闸阀，用清水冲洗管道系统5分钟，关停水泵，完成施肥。

（四）叶菜类蔬菜配套技术

1.防虫网覆盖

5～10月虫害多发期，应采用防虫网覆盖，不仅有助于防止害虫，同时防虫网覆盖可以使棚内气温降低3～5℃、地温降低2～4℃，从而为叶菜生产提供了一个较为适宜的生态环境，蔬菜产品无农药污染，产量高、商品性好。

2.遮阳网覆盖

高温季节覆盖遮阳网，是叶菜栽培成功的关键技术之一。夏、秋季遮光降温宜在"出梅"后至9月中旬覆盖；晴天日盖晚揭，阴天揭；大雨盖、小雨揭；出苗期全天候覆盖，出苗后及时揭盖。

3.叶菜类蔬菜病虫害防治

常见主要病害有病毒病、软腐病、炭疽病、霜霉病、丝核菌腐烂病等；主要虫害有小菜蛾、菜青虫、黄曲条跳甲、蚜虫、斜纹夜蛾、甜菜夜蛾等。以防为主、综合防治，优先采用农业防治、物理防治、生物防治，配合科学合理的化学防治措施，达到生产安全、优质的无公害蔬菜的目的。农业防治可选用抗病品种，尽量避免连作，实行轮作。物理防治首先是应用防虫网和遮阳网，其次是应用黄板诱杀，再次是使用频振式杀虫灯，最后是种子消毒和用石灰对土壤进行消毒。

（五）叶菜类蔬菜灌溉注意事项

当作物需要灌溉时，打开开关自动喷水，每次灌溉到畦面以下2厘米的土壤湿润即可。浇水应在上午9时前或下午6时后进行，防止高温下浇水造成死苗烂菜。大棚叶菜不要施用浓度较高的铵态氮肥，由于温度较高，空气相对湿度较大，高浓度的铵态氮肥在适宜的温度及空气相对湿度条件下，在土壤酶的作用下易分解，最后转化成气体氨，进而会导致蔬菜氨中毒，影响蔬菜的品质和产量。叶菜类蔬菜一般含硝酸盐较高，尤其要控制接近收获期化肥的施用量，避免氮肥过重。最后一次追施氮肥应在采收前6～10天进行。

第五章　畜禽养殖技术

第一节　动物养殖环境与卫生保健

一、场址选择、布局及其建筑

养殖场的选址既关系到投资效益和经营成果，又关系到动物疫病防控、畜禽产品质量安全和公共卫生安全。选址是养殖的重要前提和基础性工作，选址的好坏直接决定养殖场的成败。规模养殖场的选址应符合以下要求。

（一）场址选择

符合当地养殖业规划布局的总体要求，建在规定的非禁养区内。符合环境保护和动物防疫要求。新建、改建和扩建养殖场、养殖小区应按照有关规定进行环境影响评价，并提出切实、可行的污染物治理和综合利用方案。符合当地土地利用总体规划和城乡发展规划，建设永久性养殖场、养殖小区和加工区不得占用基本农田，应充分利用空闲地和未利用土地。坚持农牧结合、生态养殖，既要充分考虑饲草料供给、运输方便，又要注重公共卫生。建在地势平坦、场地干燥、水源充足、水质良好、排污方便、交通便利、供电稳定、通风向阳、无污染、无疫源的地方，处于村庄常年主导风向的下风向。距铁路、县级以上公路、城镇、居民区、学校、医院等公共场所和其他畜禽养殖场1 000米以上；距屠宰厂、畜产品加工厂、畜禽交易市场、垃圾及污水处理场所、风景旅游以及水源保护区3 000米以上。

畜禽养殖场的选址用地应该符合当地的土地利用规划，在环境影响评价文件中明确畜禽养殖场占地的土地类型。对于占用农耕地、农田等非建设用地的，应由土地部门出示土地类型确认文件，对建设项目拟选场址占用地进行确认。因此，畜禽养殖场选址应首选远离居民区的荒山、荒坡、荒地、荒滩。

地势与面积。场址应地势高、阳光充足、利于通风、排水良好。平原地区，场址应选择在比周围地段稍高的地方；丘陵地带应选在稍平的缓坡地；山区建场，还应选择在坡度不大的半山腰处，并避开断层、滑坡、塌方等地段。建场所需占地要包括生产区、管理区、生活区，并留有10%～20%的占地面积作为机动。

水源和电源。水源是选址的先决条件，一是水源要保证充足；二是水质要符合饮用水标准；三是要远离生活饮用水的水源保护区。饮水质量有利于提高饲料的转化率，促进畜禽的正常生长发育。因此，要选择良好的泉水、井水和江河流动水，不宜选择坑塘死水和旱井苦水作水源。供电方面，场址应距电源最近，既利于节省输变电开支，又可保持供电稳定。

动物防疫和质量安全。畜禽的健康养殖是提高畜禽产品质量、保证食品安全的重要部分，而防疫条件也是建场首要考虑的问题，二者均不可忽视。场址应距公路、铁路交通干线和居民区、医院、文化教育科学研究区等人口集中区1 000米以上，应避开风景名胜区、自然保护区的核心区和缓冲区，应与其他养殖场、交易市场、屠宰厂和畜产品加工厂保持至少3 000米的距离，一般应选择在居民区的下风向和饮用水源的下游。场区空气清洁、无污染，环境安静，无噪声干扰或干扰较轻。此外，在环境影响评价过程中，畜禽养殖场的选址，还应注意场址的设置需远离工业企业，必须选择在生态环境良好、无"三废"污染或不直接受工业"三废"污染的区域。场址既要避开交通主干道便于防疫，又要交通方便，以便于饲料和出栏、入栏畜禽及其产品的运输。

环境保护。养殖场选址时要充分考虑环境保护，既不能对周边环境造成污染破坏，也不能选择所在地理环境对生产造成影响的地区。同时，还须对周边地区的环境容量、环境承载力进行评估，一定要有足够用于消纳养殖场粪污的配套土地面积。必须坚持农牧结合、林牧结合、果牧结合以及发酵床生态健康养殖模式，实现行业结合、循环利用、相互促进、共同发展，逐步实现畜禽规模养殖场布局合理化、生产标准化、产品无公害化、资源循环利用化、环境清洁化，在发展养殖业过程中，保证区域环境生态平衡和可持续发展。

（二）养殖场场址布局及设施设备

场址的选择及场内布局是建立畜禽养殖场的关键，如场址选择不符合动物防疫条件的要求，即使场内规划再好也不行。畜禽养殖场布局合理是建立良好畜牧场环境和组织高效率生产的基础工作和可靠保证，有利于减少畜禽疫病的传播，促进畜禽的健康发展。畜禽养殖场的场址选择及规划布局介绍如下。

在所选定的场地上进行分区规划，确定各区生产建筑物的合理布局，达到分区合理，协调发展。

1.因地制宜，合理利用地形地势

在满足生产的前提下，尽量节约用地。利用地形地势解决挡风防寒、通风防热、采光等问题，尽量利用原有道路、供水线路、供电线路以及原有建筑物，可提高劳动生产率、减少投资、降低成本。一般畜禽场的建筑物以坐北向南为宜，各建筑物的安排应做到利用土地经济，尽量缩短运输距离，便于生产。全面考虑畜禽粪尿和养殖场污水的处理与循环利用，与种植业、沼气、蚯蚓养殖等结合进行生态循环养殖。

2.养殖场的合理分区

进行养殖场分区规划，首先应从人畜保健角度出发，考虑地势和主风向，合理安排各区位置，以建立最佳生产联系和符合卫生防疫条件，通常分三个功能区，即生产区、管理区和病畜处置区。一般文化住宅区在最上方，其次是生产管理区，再次是养殖生产区，最下方是粪尿、污水、病畜处理区。场区周围建围墙。场区出入口处设置与门同宽，长4米、深0.3米的消毒池。生产区与生活办公区分开，并有隔离设施，生产管理和生活福利区应距生产区50米以上。各区域的界限分明，场内运输车辆做到专车专用，不能驶出场外作业。饲料库房应设在生产区与管理区的连接处，场外饲料车等场外车辆严禁驶入生产区，如遇特殊情况，车辆必须经彻底消毒才能驶入生产区。生产区入口处设置更衣消毒室，各养殖栋舍出入口设置消毒池或者消毒垫。生产区内清洁道污染道分设。生产区内各养殖栋舍之间距离在5米以上或者有隔离设施。贮粪场或贮粪池应设置在生产区的下风方向，与住宅保持200米的间距，与畜禽舍保持10米的间距。贮粪池的深度以不浸入地下水为宜，底部用黏土夯实或用水泥抹面，以防粪液流失。

3.设施设备

（1）场区入口处配置消毒设备

消毒通道内设消毒池、紫外线灯、喷雾消毒设备等，对过往的人员进行消毒。

（2）生产区采光、通风设施设备

门窗。畜禽舍的大门应坚实牢固，宽200～250厘米，不用门槛，最好设置推拉门；一般南窗应较多、较大，北窗则宜少、较小。窗台距地面高度为120～140厘米。

通气孔。通气孔一般设在屋顶，大小因畜禽舍类型不同而异。通气孔上面设有活门，可以自由启闭，通气孔应高于屋脊0.5米或在房的顶部。

圈舍地面和墙壁。砖墙厚50～75厘米，抹100厘米高的墙裙，以利于清洗；圈舍地面用水泥和砂混合打成水泥地面以便冲洗，但地面不要做得太光滑，避免牲畜运动时跌倒。

（3）防疫、粪污处理设备

配备疫苗冷冻设备、消毒和诊疗等防疫设备的兽医室，或者有兽医机构提供相应服务。无害化处理、污水污物处理设施设备，如场内建化尸池、沼气池等。有相对独立的引入动物隔离舍和患病动物隔离舍。隔离舍应设置在养殖场最下方或养殖场一角，只对场内开门，以免对养殖场内其他畜禽造成影响，确保畜禽的健康发展。

（三）标准化养殖场场区布局建设

办公区建设。办公区一般布局在厂区规划的一个角上，根据场区面积大小而定，主要设施如下。与生产区相通的大门，进大门处修消毒池拉运草料牲畜用，平时闭锁。大门旁修值班室，值班室旁另开门修防疫设施：更衣室、消毒间、畜牧兽医室、技术档案资料室。旁边再开门修办公室、财务室、职工培训室、食堂、职工宿舍、锅炉房等。

生产区标准化养殖场圈舍建设。圈舍建设时，要考虑多功能性，一般采用双列式设计，中间留1.5～2.0米饲喂通道，圈舍长50～80米，宽11～13米，墙体高2.1～2.3米，屋顶山脊高3.0～3.2米较为合理，养牛养猪养鸡等都可以。

圈舍建设一般考虑封闭式圈较好，冬季保暖、夏季排热方便。如果采用机械化喂养，可以采用钟楼式建设，两边墙体不变，中间起脊，根据机械高度、宽度设计机械作业需要的高度、宽度，起脊部分采用钟楼式。

建设材料一般采用砖混24厘米或37厘米墙体，屋顶可以采用钢架与厚度10厘米的彩钢板，结合当地冬、夏季需要而确定彩钢板厚度。

草料库建设。根据场区面积及饲养计划，合理安排一定面积的饲料库草料堆放场、草料加工间、配料间。一般草料库建设放在进大门处、办公室后面，方便使用和看管，建设采用钢架和单层彩板封闭式。

无害化处理设施。养殖业主要污物是粪便，无害化粪便堆积发酵处理场应设置相对集中，以圈舍出粪方便为主，一般设在圈舍一头或一个角落。病畜隔离间、无害化焚烧炉应设置在安全门和粪便处理场附近。

二、畜牧养殖场的卫生保健

（一）畜禽养殖场卫生与保健的定义

广义的畜禽保健是指为了确保畜禽的健康所做的一切活动，包括机构设施、法律法规、行政管理、科学研究以及动物保健的日常事务；而狭义的畜禽保健指在日常事务中的合理的饲养管理和防病治病。

畜禽养殖场的卫生主要指的是办公区、养殖区、进出口、畜禽通道等地的干净卫生，主要采用的是消毒的方式。为畜禽提供更舒适、无病毒的生活场所，消灭病毒。

从根本上说，养殖场的动物营养、消毒防疫等都是为了提高畜禽的成活率、育成率，从而提高生产效益。

（二）养殖场常见的畜禽疫病

规模养猪场常见生猪疫病的外在表现是：脚痛、子宫炎、发烧等。常见的疫病有猪瘟、蓝耳、口蹄疫、伪狂犬链球菌、腹泻、猪丹毒、萎缩性鼻炎、传染性胸膜肺炎、乙脑、支原体肺炎等。禽养殖场常见的疫病有：禽流感、新城疫、支气管炎、法氏囊病、马立克氏病、鸡痘等。

（三）养殖场主要的卫生与保健措施

养殖场主要的卫生保健制度有：动物免疫制度、用药制度、消毒制度、检疫申报制度等。养猪场和养禽场最主要的动物卫生保健措施分别是卫生消毒、疫苗免疫、药物治疗、添加保健药等。

（四）养殖场常用的化药产品及市场规模

1.养殖场常用的化药产品

生猪养殖场使用量较大的化药产品分别是阿莫西林、恩诺沙星、黄民多糖、氟苯尼考、青霉素钠等。

2.养殖场常用的消毒剂及分类

按有效成分分，养殖场常用的消毒剂有：酚、醛、醇、碱、碘制剂、过氧化物、表面活性剂及强氧化剂。

三、养殖场污染及防治

随着畜禽养殖业的迅猛发展，畜禽养殖产生的粪便由于未做有效利用和妥善处理，造成了污染，已成为阻碍畜禽养殖业持续稳定发展的重要因素，解决畜禽养殖业污染问题已显得非常迫切。而要解决畜禽养殖业污染问题，必须根据我国国情及畜禽养殖业的实际开发投资少、能耗低、操作简便的污染治理适用技术，才能推动畜禽养殖业污染治理的全面进行。

（一）畜禽粪便对环境的影响

1.污染土壤和地下水

在畜禽粪便堆放或流经的地点，有大量高浓度粪水渗入土壤，可造成植物一时疯长，或使植物根系受损伤乃至引起植物死亡。粪水渗入地下水，还会使地下水中硝态氮、硬度和细菌总数严重超标。

2.污染地表水

破坏水生态系统甚至影响饮用水源危及人类健康。大量畜禽粪便直接或随雨水流入水体可使水体严重富营养化、水质腐败、水生生物死亡。畜禽粪便中可能存在的肠道传染病菌和人畜共患的病原体，都会对环境和人体健康造成严重

农业栽培与畜牧养殖技术

威胁。

3.粪便恶臭的污染

刚排出的畜禽粪便含有NH_3、HS和胺等有害气体，在未能及时清除或清除后不能及时处理时臭味将成倍增加，产生甲基硫醇、二甲二硫醚、甲硫醚、二甲胺及低级脂肪酸等恶臭气体。恶臭气体会对现场及周围人们的健康产生不良影响，如引起精神不振、烦躁、记忆力下降和心理状况不良，也会使畜禽的抗病力和生产力降低。

（二）畜禽粪便处理适用技术的要求

由于畜禽粪便的有机物浓度高和氨氮浓度高、恶臭严重，因此治理难度较大。近年来人们从治理畜禽粪便污染的实践中，认识到套用污水生化处理或物化处理技术企图直接处理达标，并不是合理有效的方法。根据我国国情及畜禽养殖业的实际，畜禽粪便处理的适用技术应具备以下要求。

1.资源化，有效益

畜禽粪便自古以来都被作为优质有机肥而通过自然生态系统得到转化利用。如今，由于大规模、集约化养殖业产生的粪便量大，往往难以还田，必须借助设备，才能把畜禽粪便转化成可用的资源。

2.因地制宜

畜禽粪便的有机物浓度高、氨氮浓度高、恶臭严重，若要直接处理达标不仅投资大，而且运行成本相当高，实际上难以实施。因此要结合当地地理环境情况对经处理不能达标的污水，可在后续处理中因地制宜配以氧化塘采用水生植物生态工程技术，以达到排放标准所要求的指标。

3.以生物处理为核心

对于处理难度高的畜禽粪便的治理，必须依据实际条件，合理选择多项生物技术，组合成一个有机的系统。如经固形物分离后的粪水，可应用厌氧发酵技术产沼气，回收生物能，沼液、沼渣则可作肥料；也可通过多级反应槽进行兼氧处理，使粪污水中的各种污染物得以大幅度降解、转化、去除。

四、动物性食品安全与健康养殖

随着畜牧业高度集约化，大量使用抗菌药物防治疾病，造成动物性食品中抗菌药物的残留，给人民健康带来严重的威胁。如今，动物性食品质量安全日益受到社会的关注，人们对动物性食品的需求已由原来的数量型转变为质量型，无公害、绿色、有机食品越来越受到欢迎。

（一）动物性食品药物残留的成因

食品动物用药后，药物的原形或其代谢产物和有关杂质可能蓄积、残留在动物的组织、器官或食用性产品中，这样便造成了兽药在动物性食品中的残留。在动物生长过程中，不正确地使用兽药和饲喂不安全的饲料，均能导致动物产品药物残留。

1.不正确地应用药物

如用药剂量、给药途径、用药部位和用药动物的种类等不符合用药指示，这些因素有可能延长药物在体内残留的时间，从而增加休药的天数。

2.不遵守休药期限

在休药期结束前屠宰动物。

3.屠宰前用药物掩饰临床症状

一些养殖户对发病的动物针对临床症状给药，急于上市销售，以逃避宰前检查，减少经济损失。

4.使用未经批准的药物

使用未经批准的药物，如盐酸克伦特罗、苯丙咪唑等。

5.用法不当

根据药物说明书用法不当造成违章残留。

6.饲料加工或运输过程中的污染

饲料粉碎设备受污染或未将盛过抗菌药物的容器冲洗干净用于贮藏饲料。

7.滥用抗生素

任意以抗生素药渣喂猪或其他食品动物。滥用抗生素是出现抗生素残留的主要原因。

（二）动物性食品药物残留的危害

动物性食品药物残留对人类健康的危害少数表现为急性中毒和引起变态反应，但多数表现为潜在的慢性过程，人体由于长期摄入低剂量的同样残留物并逐渐蓄积而导致各种器官发生病变，影响机体正常的生理活动和新陈代谢，导致疾病的发生，甚至死亡。

1.引起中毒

有些药理作用强、代谢周期长的药物，在畜禽产品中含量超标造成残留，将会引起食用者中毒。因动物食品药物残留多发生慢性中毒现象。

2.引起食用者三致（致癌、致畸、致突变）

磺胺二甲嘧啶能诱发人的甲状腺癌、非甾体激素能引起女性早熟和男性的女性化以及子宫癌；氯霉素能引发人的再生障碍性贫血；苯丙咪唑类药物能引起人体细胞染色体突变和起到致畸作用，引起生产痴呆儿、畸形儿；磺胺类药物能破坏人的造血系统。

3.引起变态反应

变态反应又称过敏反应，其本质是药物产生的病理性免疫反应。引起变态反应的残留药物有青霉素、四环素、磺胺类药和某些氨基糖苷类抗生素等。其中以青霉素、四环素类引起的变态反应最为常见。

4.引起激素样作用

具有激素样活性的化合物已作为同化剂用于畜牧业生产，以促进动物生长，提高饲料转化率。食用含激素的畜禽产品可干扰人体激素正常代谢，长期食用含有同化剂残留药物的动物食品会影响人体内的正常性激素功能，另外，外源性激素还有致癌作用。

5.产生耐药性

由于长期使用抗生素，使动物体内的细菌产生了耐药性。人如果长期食用含有某种药物超标的肉食品，必然会使人体产生对此种药物的耐药性，影响正常人体对此种药物的反应。

6.破坏人类正常菌群平衡，使敏感菌受到抑制

某些条件性致病菌大量繁殖，既影响正常机体机能活动，还将引起多种疾病。

（三）控制动物性食品药物残留的对策

1.加强宣传

充分应用新闻媒体等多种形式做好有关政策、法律、法规的宣传和药物残留对人体危害的宣传。增强群众的防患意识和监督意识。让生产厂家知法守法，加

强自律性。

2.加强管理

特别是对兽药的使用应严格管理，严禁使用违禁兽药、废止兽药、假劣兽药、过期兽药；对兽药的使用过程严格监管，做好用药记录，并在畜禽出售时，向购买者提供完整准确的用药记录，严禁屠宰休药期内的畜禽，规范畜禽生产过程，严把兽药使用关。

3.加强监督检查

对养殖场定期和不定期地进行监督检查，检查其用药情况，检测动物体内药物残留。对畜禽屠宰厂屠宰的畜禽进行监控，屠宰前一定要检查用药记录，绝不准许屠宰休药期内的动物。同时，对其屠宰后的畜禽产品进行药物残留的抽查检验，发现有药物残留超标的畜禽产品，按规定严肃处理。

4.兽医和食品动物饲养场应该遵循畜禽用药的重要原则

兽药残留对人类的潜在危害正在被逐步认识，严格遵守休药期规定，将药残减到最低限度直至消除，保证动物性食品的安全，是兽医和食品动物饲养场用药的重要原则。制定合理的给药方案，给药方案包括给药剂量、途径、频率、疗程，还要根据动物的品种、年龄、用途，选择合适的药品。做好兽药的登记工作。避免兽药残留必须从源头抓起，严格执行兽药使用登记制度，兽医及养殖人员必须对使用兽药的品种、剂型、剂量、给药途径、疗程、给药时间等登记，以备检查。严格遵守休药期规定，严格执行休药期规定是减少兽药残留的关键措施，使用兽药必须遵守有关规定，严格执行休药期规定，以保证动物性产品没有兽药残留超标。避免标签外用药，药物的标签外应用，是指标签说明以外的任何使用，任何标签外用药均可能改变药物在体内的动力学过程，使食品动物出现兽药残留。严禁非法使用违禁药物，为了保证动物性产品的安全，近年来，我国兽药管理部门规定了禁用药品清单。兽医和食品动物饲养场均应严格执行这些规定。人和动物不用同一类抗生素，动物应用动物专用抗生素。

5.加强动物卫生监督部门建设

加强专业队伍建设，加强设备建设，加强培训，不断提高监测能力和水平。

第二节　动物生长发育规律

一、动物生长发育的规律

生长发育是遗传因素与环境共同作用的结果，研究生长发育，既涉及基因表达，又涉及保证基因表达的环境条件。各种家畜的生长发育都有其规律性，不同品种、不同性别和不同时期，都会表现出各自固有的特点。研究生长发育，对家畜选种非常重要。除了根据家畜不同年龄特点进行鉴定外，还可利用生长发育规律进行定向培育，至少可在当代获得所需要的理想类型。如果长期根据生长发育特点来选择与培育，可望获得新的家畜类型。另外，规模化饲养家畜时，根据所处的发育阶段，采用不同营养浓度的饲料配方，既能保证家畜正常发育，又能将饲料消耗掌握在适宜尺度，以获取最大经济效益。

（一）生长发育的规律

任何一种家畜都有它自己的生命周期，即从受精卵开始，经历胚胎、幼年、青年、成年、老年各个时期，一直到衰老死亡。生命周期是在遗传物质与其所处环境条件的相互作用下实现的，也就是说家畜的任何性状都是在生命周期中逐渐形成与表现的。整个生命周期就是生长发育的过程，也是一个由量变逐渐到质变的过程。

1.生长发育的概念

生长是机体通过同化作用进行物质积累，细胞数量增多和组织器官体积增大，从而使个体的体积、体重都增大和增长的过程。即以细胞分化为基础的量变过程，其表现是个体由小到大，体尺体重逐渐增加。

发育是生长的发展与转化，当某一种细胞分裂到某个阶段或一定数量时，就分化产生出和原来细胞不相同的细胞，并在此基础上形成新的细胞与器官。以细胞分化为基础的质变过程，其表现是有机体形态和功能的本质变化。

生长和发育是同一生命现象中既相互联系，又相互促进的复杂生理过程。生长通过各种物质积累为发育准备必要的条件，而发育通过细胞分化与各种组织器官的形成又促进了机体的生长。

2.研究生长发育的方法

对家畜生长发育的研究要通过对多方面进行综合观察，采取多种方法。目前主要采用定期称重和测量体尺的方法，并将取得的性能信息进行统计分析。随着现代科学技术的发展，对生长发育的研究手段逐渐增多，如利用各种先进仪器探测猪的背膘厚度和眼肌面积，分析研究家畜生理、生化、组织成分的年龄变化与生长发育阶段变化的规律，采用分子生物学技术探讨确定肉、蛋、奶、毛等功能基因组等，这些对家畜育种学来说是更高层次的科学研究方法。

（1）观察与度量

在长期的生产实践中观察，人们积累了很多观察家畜生长发育方面的经验。根据牙齿的脱落和磨损的程度来鉴别马、牛、羊的年龄；根据牛角轮的数目和家禽羽毛的生长与脱换等，鉴定其年龄大小和发育阶段。但这些都是对质量性状的描述，没有用具体数字来表述，必须以称重和体尺测量的数据，来说明生长发育变化规律。称重和体尺测量的时间与次数，应根据家畜种类、用途及年龄不同而异。对育种群和幼龄家畜多称测几次，对其他类家畜则可减少测定次数。以科研为目的应更细致准确，可多测几次，而以生产为目的可少称测几次。一般情况下，猪、羊在初生、20天、断奶3个时间点定时分别称测一次，断奶以后每个月测一次；马、牛在初生、断奶、配种前后各称测一次，至成年时每半年测一次；家禽则每周或每10天测一次。

一般称重和测量体尺应当同时进行，测得的数值一定要精确可靠，应全面认真考虑，如测具本身的精确性、家畜本身的生理状态，如是否妊娠、管理与饲养情况，如饲喂前后、放牧前后、排粪前后、测量时家畜站立姿势等。在畜量较大时，可采用随机抽样的办法，测量部分个体，用其平均数来代表整个畜群生长发育的情况。

除活体称重外，还可以对各种器官和不同部位进行测定。如躯体的测量、胴体不同部位的称重。对体重和体尺的测定，是从不同角度研究分析家畜生长发育情况的。为真实地反映生长发育状况，必须保证饲养管理条件正常。在营养不良的情况下幼畜的体重较轻，但体躯长度等方面仍有增长，这样就会造成体重和体尺发育的不协调。

（2）家畜体尺测量

家畜体型外貌评定主要通过肉眼观察和体尺测量进行。肉眼观察主要是对那些不能用工具测量的部位，通过肉眼观察，参照一定的标准加以评判。这要求鉴定人员有一定的经验，但难免受主观因素的影响。体尺测量是用测量工具对家畜各个部位进行测量。常用的测量工具有：测杖、圆形测定器、测角计和卷尺。这些工具在使用前都要仔细检查，并调整到正确的度数。测量时要使被测个体站在平坦的地方，肢势保持端正。人一般站在被测个体左侧，测具应紧贴所测部位表面，防止悬空测量。

体型外貌评定家畜体尺与测量部位。

①体高：鬐甲顶点至地面的垂直高度。

②背高：背部最低处到地面的垂直高度。

③荐高：荐骨最高点到地面的垂直高度。

④臀端高：坐骨结节上缘至地面的垂直高度。

⑤体长：从肩端到臀端的距离；猪的体长则是自两耳连线中点沿背线到尾根处的距离。

⑥胸深：由鬐甲至胸骨下缘的直线距离。

⑦胸宽：肩胛后角左右两垂直切线间的最大距离。

⑧腰角宽：两侧腰角外缘间的距离。

⑨臀端宽：两侧坐骨结节外缘间的直线距离。

⑩臀长：腰角前缘至臀端后缘的直线距离。

⑪头长：牛自额顶至鼻颈上缘的直线距离；马自额顶至鼻端的直线距离；猪为两耳连线中点至吻突上缘的直线距离。

⑫最大额宽：两侧眼眶外缘间的直线距离。

⑬头深：两眼内角连线中点到下颌骨下缘的切线距离。

⑭胸围：沿肩胛后角量取的胸部周径。

⑮管围：在左前肢管部上三分之一最细处量取的水平周径。

体尺材料的整理。根据研究目的对体尺材料进行整理，得出相应的体尺指数，从而对家畜进行外貌评定。体尺指数即一种体尺与另一种体尺的比率，是用以反映家畜各部位发育的相互关系及体型结构特点的指标。

二、影响生长发育的主要因素

家畜生长发育受多种因素的影响，深入探讨这些因素与生长发育的关系将更有效地控制各类性状的改进，其主要因素如下。

（一）遗传因素

家畜的生长发育与其遗传基础有着密切关系，不同家畜品种有其本身的发育规律。对控制畜体各部位的遗传基础的研究表明，有三类基因影响体型部位：一般效应的基因，其影响全部体尺与体重；影响一组性状的基因；影响某一特定性状的基因。另外，影响骨骼生长的特定基因系统，只决定体高、体长、胸深和体重，但不影响腹围；另外，影响肌肉发育的一些基因，对胸深、胸围、腹围也有影响。同一组性状和体高间的遗传相关，随年龄的增长而提高；不同组的性状，如体高和腹围之间的相关，则随年龄的增长而降低；同一个体各性状间的表型相关，年龄小比年龄大相关高；不同组织的性状，如骨骼和肌肉的表型相关，随年龄的增长而大大降低。遗传相关和表型相关也随年龄的增长而变化，这表明对生长有一般效应的那些基因、系统，在幼龄时期影响较强，而对特定的一组性状以及对特定的单一性状可能产生影响的基因系统，则随年龄的增长而变得更重要。

（二）母体大小

母畜个体的大小和胚胎的生长强度有密切关系，母体愈大，胎儿体重愈大，即"母大则子肥"。要使后代出生体重大，需选用体重较大的母畜。母体对胚胎大小也有影响，大家畜比小家畜更为明显，因为前者妊娠期长，胚胎在母体内生长发育时间长，影响也大。另外母体对胚胎生长发育还有直接或间接两种影响。

1.胎盘大小

随着胚胎的生长发育，胎盘也快速增长。若由于某种生理原因限制了母体胎盘的生长，就会使胎儿生长受限。这说明胎盘大小和初生体重之间有密切相关性。当母猪过于肥胖时，胎盘增长受限，会导致仔猪发育受阻。

2.胚胎数量与密度

在多胎家畜中，每窝的胚胎数量过多，胎儿在子宫内相邻位置过近，同窝胎儿之间过度竞争养分，导致有的胚胎生长发育速度降低，甚至被吸收。另外猪和兔的初生重与产仔数呈负相关，产仔数愈多初生重愈小。

（三）饲养因素

饲养是影响家畜生长发育的重要因素，其包括营养水平、饲料品质、日粮结构、饲喂时间与次数等。合理和全价的营养水平能保证家畜生长发育正常，使经济性状的遗传潜能得以充分表现。采用不同的营养水平饲养家畜，可以调控各种组织和器官的生长发育状况。若在不同生长期改变营养水平，可控制家畜的体型和生产力。在草原地区进行肉牛的育种，需要购入的种公牛应在饲料丰富条件下培育，才能使原代保持早熟性和保证优良肉质。

（四）性别因素

性别对体重和外形有两种影响，一是雄性和雌性间遗传上的差异；二是由于性激素的作用，雌雄两性的生长发育差别较大。由于公母畜体躯各部位和组织的生长速度不同，故公母畜各发育阶段的体格大小也不一样。公畜一般生长发育较快，异化作用较强，生理上需要精料较多，在丰富饲养条件下比母畜体重大，在较差饲养条件下则发育不如母畜。提高产肉性能时，严格选择公畜比选择母畜更重要。

去势对家畜的生长发育影响显著。牛在幼年去势后，第二性征不再发育，骨骼长度增长，但厚度发育较差，头部不及未去势公畜宽广，颈及前躯不粗壮。猪和羊则表现为胸部和腰部缩短，颈椎相对变长，骨盘变宽。两性的体型差异缩小，新陈代谢水平和神经敏感性减低，育肥性能提高。早期去势会引起骨骼生长滞缓，肌肉疏松，沉积脂肪能力增强。

（五）环境因素

在工厂化、集约化饲养家畜的情况下，诸多环境因素均会影响家畜生长发育。

光照。光线通过视觉器官和神经系统，作用于脑下垂体，影响脑下垂体的分泌，进而调节生殖腺与生殖机能。在养禽业中延长光照时间，可以提高产蛋率；猪的育肥，在黑暗条件下比在光线充足条件下脂肪沉积能力提高10%左右。

气温。在炎热干燥的地区，家畜的外形和组织器官均会受到影响。

海拔。地势和海拔过高，气压的变化引起氧气不足，导致家畜的生长发育受阻，繁殖能力降低。而适应了高海拔环境的家畜，呼吸系统发达，胸部长而突出，骨骼变粗，血液浓度增加，血红素和铁质含量也相对增高。

上述各种因素，对家畜生长发育的影响途径是多方面的，引起的变化也是多种的，应将各种因素进行综合考虑，为优良品种的培育提供最适合的条件，有利于高产基因的充分发挥。同时，为规模化家畜饲养创造最佳环境，以便获取更大的经济效益。

三、影响生长发育的主要基因

（一）影响胚胎发育的主要基因

早期胚胎发育受许多基因影响，这些基因促进或抑制早期胚胎的生长分化。在着床前胚胎中，检测到很多基因参与胚胎生长发育，为信号传导所必需或编码生长因子或生长因子受体蛋白，或促使发育异常的胚胎发生凋亡，它们均对胚胎早期发育起着十分重要的作用。20世纪90年代以来，由于着床前胚胎作为细胞形态发生和分化模型的建立，以及发育生物学技术的日新月异，受精至植入这一发育阶段日益受到重视，研究早期胚胎基因表达及调控，具有重要的理论和实践意义。

1.原癌基因

癌基因分为病毒癌基因和细胞癌基因，又称原癌基因。在早期胚胎中检测到一些原癌基因的表达，它们对早期胚胎发育起重要作用。

（1）c-myb基因

c-myb基因决定造血功能。一旦发生突变，可影响胎肝中永久造血祖代干细胞的产生或增殖，从而使胚胎死于胎肝造血期。

（2）c-myc基因

该基因定位于细胞核内，对早期卵裂过程具有十分重要的促进作用。已证实c-myc的表达与细胞增生率及促进有丝分裂信号转导密切相关，c-myc在小鼠卵细胞及着床前胚胎2细胞、4细胞、桑椹胚及囊胚中均有转录表达。采用反义c-myc寡核苷酸探针显微注射法打入原核期合子细胞中引起胚胎发育的显著抑制，呈浓度依赖性，最大抑制作用在第一次卵裂，即合子到2细胞期。研究证实c-myc基因在小鼠正常胚胎发育过程中起重要作用。

（3）Ras基因

该基因家族编码一个分子量为21 000的蛋白质，称为p21Ras，体外培养的小鼠早期胚胎中，抗ras单克隆抗体能显著抑制桑椹胚至晚期囊胚的发育。用合成的ras肽免疫吸附完全阻断了这一抑制作用。c-ras基因产物特异性在小鼠胚期表达，对小鼠着床前胚胎发育起重要作用。

（4）erbB1基因

该基因在小鼠早期胚胎有表达，其单克隆抗体可显著抑制体外培养的桑椹胚至囊胚期的发育。在围着床期的小鼠子宫中发现erbB2 mRNA表达，该基因通过调节子宫内膜发育，为胚胎着床做准备。

2.性别决定基因

在哺乳类动物Y染色体上存在编码睾丸决定因子的基因，当没有这个因子时，性腺发育成卵巢。Y基因编码——一个含79个氨基酸的框，这个框与DNA结合，是转录因子。在性腺分化前已有雌雄异形基因表达。着床前小鼠胚胎具有性别二态性基因表达。在人类中，SRYmRNA在1细胞至囊胚期有表达，精子中无表达，说明在人类胚胎发育过程中，性别特异性基因的从头转录比性腺分化还要早。

3.生长发育、分化及凋亡调节基因

许多基因参与早期胚胎的发育分化。

（1）pem基因

该基因属于含同源框基因，又称同形异位基因，可调节鼠早期胚胎由未分化状态向分化状态过渡，该基因过量表达会使体内或体外发育的胚胎不能分化。

（2）Ped基因

Ped基因是20世纪90年代在小鼠着床前胚胎中检测到的一种重要基因，它影响着床前胚胎卵裂速度及胚胎的生存。

（3）Oct-4基因

Oct-4基因在早期胚胎发育中起转录调节作用，可调节鼠胚植入前卵裂速度的快慢，以及胚胎生存发育的能力。

（4）Rex-1基因

Rex-1基因是研究内细胞团早期细胞命运的有用标志物，对于维持胚胎干细胞的未分化状态和全能性有重要作用，当其表达显著降低时，内细胞团将分化成胚层。

（5）Bc1-2蛋白

Bc1-2蛋白参与调节细胞凋亡的发生与发展，是重要的抑制细胞凋亡的物质，它可以防止着床前胚胎过早凋亡和胚胎细胞碎片的形成，保持较高的胚胎质量。Bcl-2是通过抑制cpp32的活化在ICE蛋白水解酶的上游发挥其抑制凋亡作用。

4.生长因子

（1）表皮生长因子（EGF）

EGF家族在哺乳动物早期胚胎发育中具有重要作用，该基因对小鼠着床前胚胎的作用依据不同发育时期而不同，4细胞期前促进卵裂，桑椹胚期以后调节分化。在小鼠4细胞期，胚胎就开始有EGF2R mRNA的表达，以后从8细胞期胚胎、桑椹胚到囊胚均持续表达。EGF可能通过胚胎自分泌和输卵管、子宫旁分泌形式作用于胚胎自身和母体，从而在以后的胚胎发育中起重要的调节作用。

（2）胰岛素样生长因子（IGF）

早期胚胎发育既受胚胎产生的IGF-I，又受到母体来源的胰岛素和IGF-I的调节。在培养的小鼠胚胎中加入胰岛素、IGF-I、IGF-II，结果蛋白合成细胞数目、发育至囊胚期的胚胎百分比均增加。运用RT PCR对附植前牛胚胎进行研究，结果表明，IGF-I、IGF-II及其受体IGF-IR、IGF-IR均在早期胚胎中发生转录，并且其特异结合蛋白在胚胎中的表达呈现时间上的特异性。在小鼠胚胎培养基中添加IGF，有利于胚胎从透明带中孵出。另外IGF-I和IGF-II还可诱导内细胞团增殖。

（3）成纤维细胞生长因子（FGF）

FGF家族是一类促进有丝分裂和促进细胞生长的重要多肽因子，其成员之一FGF8还能增强En的表达。实验认为，FGF8是诱导干细胞向DA前体细胞转化的关键因子。在早期胚胎发育中，FGF还是担负上皮-间质相互作用的重要调控因子，离开该因子胚胎及其器官组织发育将不能形成。特别是FGF10，无论在外胚层上皮还是在内皮层上皮都是重要的间质调控因子。

（4）Vax基因

该基因家族是一类与视觉神经系统发育密切相关的同源异型盒基因，调控前脑、眼原基、视泡、视柄以及视网膜的发育，在视泡形成，视柄、视网膜分化以及视网膜背腹轴确立等方面具有多重作用。

（5）白血病抑制因子（LIF）

白血病抑制因子为白介素6（IL-6）家族中的一员，在胚胎的生长发育和分化中扮演重要角色。用含LIF的培养液处理胚胎可促进胚胎发育，促进滋养层细胞的增殖和内细胞团生长，提高胚胎的存活率和质量。LIF还能提高牛胚胎体外培养的存活率和绵羊的胚胎孵化率。小鼠的LIF基因缺失则胚泡不能着床，说明LIF对着床是必需的，但这种LIF缺陷的小鼠产生的胚泡比杂合鼠所产生的小，说明LIF可作为胚胎的营养因子促进胚胎发育。另外，LIF还可抑制内细胞团分化。

（二）影响生长发育的某些基因

动物生长发育是一个极其复杂而精细的调控过程，其受神经、体液、遗传、营养及环境等多种因素的影响。其中，神经内分泌生长轴各因子及其基因对动物的生长发育起着关键的作用。正常情况下，下丘脑释放生长激素（GHRH）和生长抑素（SS），调节垂体生长激素（GH）的分泌，GH通过与生长激素结合蛋白（GHBP）结合而运输，与靶器官上的生长激素受体（GHR）结合，促使类胰岛素生长因子（IGFs）的产生并进入血液循环，IGFs再通过其结合蛋白（IGFBP）转运到全身组织细胞，促进组织细胞的生长与分化。其中，各因子的产生和分泌又受其相应的基因表达调控。整个过程的调控很复杂，存在基因的转录、表达，产物的修饰以及各水平的反馈调节机制。另外，一种作用于中枢神经系统的脑肠肽与GHRH和SS一起调节GH的产生和释放。还有，由脂肪细胞分泌的瘦蛋白对机体的脂肪沉积、体重和能量的代谢等也具有重要的调节作用，其可直接作用于下丘脑和垂体，对GH的分泌进行调节。

1.GHRH、GHRHR及其基因

GHRH及其基因。GHRH是下丘脑合成和分泌的一种含40～44个氨基酸残基的单链多肽类激素，其主要功能是诱导并刺激垂体促进生长区的细胞合成和释放GH，其作用机制主要与CAMP途径及胞内钙离子的变化有关。动物实验表明，给动物静脉注射适量的GHRH或其类似物，可以诱导动物GH分泌水平的提高。

GHRHR及其基因。GHRH的作用是通过与GHRHR结合而实现的。GHRHR基因的变异可引起小鼠的矮小和人的遗传上的生长不足。在家畜中也已被作为控制生长和胴体性变化的一个候选基因。

2.SS、SSR及其基因

在生长轴中，SS主要抑制脑垂体GH的释放，但不抑制GH的合成。SS作用机制主要与细胞内CAMP、CGMMP的变化有关。循环系统中的IGF-1与GH可在下丘脑水平上促进SS的释放，从而导致GH和IGF-1的减少。用SS免疫中和技术和SS抑制剂-半胱胺能够阻断SS的作用，从而提高血液中的GH水平，促进动物生长。

SS的作用是通过与SS受体（SSR）结合而实现的。已发现的有5种SSR亚型（SSR1-SSR5），各亚型在不同组织中存在差异，其中在脑、胃肠道、胰腺及垂体中表达量较高。猪的SSR2基因编码——一个由369个氨基酸组成的蛋白，和人类的SSR2有13个氨基酸的区别，并且猪、人及鼠之间的SSR2间有高度的保守性。鼠的5个SSR亚型垂体和其他组织中均有表达，其等位基因的变化可影响生长速度和体型大小。

3.GH、GHR和GHBP及其基因

GH是神经内分泌生长轴中调控动物生长发育的核心。猪的GH是由190个氨基酸残基组成的单链多肽，与牛的氨基酸有90%的同源性，但两者与人的GH的同源性只有65%。在生理状态下，GH的释放呈脉冲式，具有昼夜节律。下丘脑GHRH与SS能调节GH的分泌。另外，GH的分泌和释放也受到血液中Leptin水平的调节。

GHR、GHBP及其基因。GHR遍布全身各处，但以肝脏含量最高。人的GHR由单一基因编码的620个氨基酸残基构成。猪和牛的GHR基因已被克隆，并且猪与人GHR CDNA有89%的同源性。

血液中的GH主要与生长激素结合蛋白（GHBP）结合而运输。血液中存在GHBP，其氨基酸序列与GHR的胞外区一致。一般情况下，GHBP与循环GH的40%～50%结合，调节GH各全身组织的分布及促进生长。

4.生长素及其受体和基因

生长素是作用于中枢神经系统的含有28个氨基酸残基的脑肠肽，其结构在不同种属动物中稍有不同，人和鼠的同源性为89%。当生长素与位于下丘脑的受体结合后，产生一系列生物学效应，其刺激垂体前叶释放GH，调节机体生长发育；调节能量平衡、胃酸分泌、胰腺分泌及免疫系统等。

第三节　动物育种及杂种的优势

一、动物育种的概念

利用现有畜禽资源，采用一切可能的手段，改进家畜的遗传素质，以期生产出符合市场需求的数量多、质量高的畜产品。通过对后备种畜的种用价值进行准确的遗传评估，寻找具有最佳种用性能的种畜。再结合适当的选配措施，人为控制种畜间配种过程，提高扩大优良种畜的利用强度和范围，从而最终提高种畜品质，增加生产群体的良种数量，生产出符合市场需求的高质量畜产品。

（一）动物育种的定义

家畜育种是通过创造遗传变异和控制繁殖等手段来提高畜禽经济性能或观赏价值的科学技术。研究家畜育种理论和方法的学科称家畜育种学，是畜牧科学的重要分支，其内容主要包括引变、选种、近交、杂交以及品种的培育、保存、利用和改良等。

（二）动物育种的内容

家畜育种开始于对野生动物的驯养和驯化。人们通过选择最符合自己需要的畜禽留作种用，逐步积累了选择育种的经验。中国古代相传伯乐相马、宁戚相牛，闻名一时。

20世纪30年代末，出现了可应用于数量性状的遗传分析以及种畜育种值和选择效果等的估计，从而发展出一系列着眼于群体选种的理论和方法，推动了家畜育种科学的发展。与此同时，人工授精技术迅速发展，使每头公畜所配母畜的数量和分布地区都显著增加和扩大，加大了各公畜繁殖机会间的差异，从而增大了选择效果。20世纪40年代中期以后，由于商品畜牧业的发展，以遗传学理论为基础的家畜育种技术得到了迅速推广。70年代末以来，由于遗传工程、体外受精和胚胎移植技术逐步发展，新的手段陆续涌现，家畜育种又开始进入一个新的发展阶段。

1.育种目标及经济评估

从人类的生产和生活的需要出发，家养动物的选育有一定的目标，具体来说可分为肉用、乳用、蛋用、毛用、役用以及其他特种经济用途等不同的目标。在确定育种目标后，还要分析达到这些目标应选择的性状，例如，肉用家畜要选择生长速度、屠宰率、胴体品质、肉质与饲料转化效率等；乳用家畜要选择产乳量和乳的成分率以及有关的乳用特征；蛋用家禽要选择产蛋数、蛋重、料蛋比等；毛用家畜要选择毛的产量和质量；役用家畜要选择体格大小和耐力；竞技用家畜家禽则根据需要选择其格斗能力或速跑能力等。对所有的畜种来说，还要选择繁殖力和成活率。育种目标的经济评估，就是对要改进的性状进行经济分析。经济价值大的性状在选种时要优先考虑，并在制定选择指数时给予较大的经济加权值。由于经济价值受市场价格波动的影响，所以育种目标的经济评估要经常调整。在对性状进行经济评估时，可以把性状分为基础性状和次级性状。基础性状是指那些可直接用经济价值来度量的性状；次级性状是指那些本身很难用经济价值表示，但通过对基础性状的影响产生间接经济效益的性状。

2.选种和选种方法

选种就是选择种畜种禽，是通过对具体性状的选择来实现的，选种的理论就是群体遗传学和数量遗传学中的选择理论。选种的方法很多，一般来说，对于质量性状，需要根据基因型而不是根据表型选种；对于数量性状，则要根据育种值而不仅是根据表型值选种。对阈性状可用独立淘汰法，对多个性状同时选择则要用选择指数法。在家畜育种中还可以从不同的角度对选种的方法进行分类。

（1）外形选择与生产性能选择

家畜的外部形态与内部生理机能之间存在一定的联系，外形在某种程度上可以反映家畜的健康状况和生产性能。同时，有些外形特征也是某些品种的标志。生产性能的记录就是成绩。有些性状（产奶量、产蛋数、瘦肉）要向上选择，即数值大的表示成绩好；有的性状（背膘厚度、单位产品的耗料）要向下选择，即数值小表示成绩好。

（2）表型值选择与育种值选择

在生产中，直接观察到的成绩都是表型值。根据育种需要，选出表型值高的个体留种，就是表型值选择。由于表型值可来源于个体本身或其亲属，所以又有个体测验、系谱测验、同胞测验、后裔测验之分。把表型值转化为育种值，排除了非遗传因素的影响，从而提高了选种的准确性。育种值可从本身或亲属单项资料进行估计，也可结合个体和亲属多项资料作复合育种值的估计。

（3）单个性状选择和多个性状选择

单个性状选择就是在某个时期内只重复选择某一性状，如专门为提高产奶量、产蛋量的选择。这对改进该性状来说是最快的，但与其有负遗传相关的一些性状会受到不同程度的影响而降低产量。在育种过程中，更多的情况是要同时改进几个性状，这就要作多个性状选择。如同时考虑外形等级与生产性能的综合评定法；对要选择的几个性状分别确定选择下限的独立淘汰法；根据性状的遗传力、遗传相关、经济重要性等参数制定出指数的选择指数法；等等。

（4）个体选择与家系选择

个体选择是根据个体的成绩进行选择，有时又叫作"大群选择"，即从大群中选出高产的个体。家系选择是根据家系平均数的高低来决定留种与否。家系通常可分为全同胞家系、半同胞家系和混合家系。同胞测验与后裔测验也是家系选择的一种形式。

（5）直接选择与间接选择

直接选择，是选择直接作用于所期望改进的性状，前面所提到的选择方法都是直接选择。间接选择，是选择一个与期望改进的性状有相关的辅助性状，通过对这一辅助性状的选择以期达到改进主要性状的目的。一般情况下，当所选择的主要性状遗传力低、观察的周期长、直接选择的效果差时，可以考虑用间接选择法。辅助性状一般是一个遗传力强，与主要性状的遗传相关性强的性状，或是一个可以早期观察和容易度量的性状。

（三）动物育种的方法

育种方法繁多，可略分为两大类。

1.以提高遗传品质为目的

一般的方法是通过杂交形成基因新组合，或通过其他引变手段使群体中出现新的变异，从中选择具有理想质量性状和高水平数量性状的个体，增加其繁殖机会。待有了一定数量的优良公母畜后，再通过近交或同质选配来提高优异性状的基因纯合性，一方面使群体整齐划一，另一方面使其后代减少分离。优良小群体一经形成，就大量扩繁，以形成一个优良种群——品种或品系。在扩繁的同时，可进一步以此优良小群体为基础，经过杂交—选种—近交，以育成品质更高的新种群。如此反复进行，可使畜禽的遗传品质不断提高。

2.以利用杂种优势为目的

一般的方法是选择优良的个体或家系组成基础群，通过小群闭锁繁育来优化和提纯亲本系，然后进行各系间的杂交试验以选择配合好的杂交组合。再扩繁配合力好的配套系，并由各繁殖场按照良好的组合进行杂交，大量生产商品畜禽。各亲本系也可杂交形成合成系，再参加配合力测定以组成更良好的杂交组合。通过不断育成新系，选择新的杂交组合，杂种优势利用的水平可不断提高。

二、杂交育种

杂交育种是将两个或多个品种的优良性状通过交配集中在一起，再经过选择和培育，获得新品种的方法。杂交可以使双亲的基因重新组合，形成各种不同的类型，为选择提供丰富的材料。

杂交育种可以将双亲控制不同性状的优良基因结合于一体，或将双亲中控制同一性状的不同微效基因积累起来，产生在各性状上超过亲本的类型。正确选择亲本并予以合理组配是杂交育种成败的关键。

杂交育种是培育家畜新品种的主要途径。通过选用具有优良性状的品种、品系以至个体进行杂交，繁殖出符合育种要求的杂种群。在增加杂种数量的同时要适当进行近交，加强选择，分化和培育出高产而遗传性稳定，并符合选育要求的各小群，综合为新品种。

良种繁育体系为了使种畜的优良特性尽快地反映到商品生产中去，就要建立一个合理的繁育体系。不同家畜的繁育体系的形式是有区别的，但总的原则是相同的。一般来说，繁育体系像一个正放着的三角形，顶端部分表示育种场的核心群家畜，中间部分是繁殖场的繁殖群家畜，基层部分是生产场或专业户饲养的商品家畜。在育种场中，用现代育种技术对种畜不断进行选育水平的提高，但由于种畜的数量少，不宜直接推广，除了作为育种场种畜的更新外，主要是进入繁殖场进行繁殖扩群，再由繁殖场提供种畜或配套的杂交组合给生产场生产商品家畜。

三、动物育种的展望与评价

发展畜禽遗传育种学科的主要指导思想是采用新技术，突破常规育种。通过学科间的交叉，分别在群体、细胞和分子水平上研究数量性状遗传和动物育种的新理论、新技术和新方法。在遗传理论方面，继续保持在数量遗传理论研究的基础上，结合细胞遗传学和分子遗传学对选择理论、杂种优势理论、群体保种理论以及线性与非线性模型等研究作出新贡献。在畜禽育种方面，继续开展畜禽优化育种方案的研究。要求尽快完善奶牛、瘦肉猪、蛋鸡、肉鸡、绵羊的优化育种方案和优化繁育体系。在生物技术方面，开展细胞水平和分子水平的生物技术研究，为在动物育种方面取得新的突破打下基础。可开展对影响猪的肉质、牛奶成分、绵羊多胎等的基因的研究。

（一）动物育种已逐渐进入分子水平

自20世纪80年代以来，随着现代分子生物技术和信息技术的迅速发展，动物育种计划和动物分子遗传学研究取得了大量的突破性成果。国际上的动物育种已逐渐进入分子水平，从传统的育种方法朝着快速改变动物基因型甚至是单倍体型的方向发展。

随着遗传学理论的不断发展，动物遗传育种技术经历了表型和表型值选种技术育种、DNA重组技术育种、分子技术育种三个阶段。其中，在20世纪80年代国际上动物育种已进入分子水平，朝着快速改变动物基因型的方向发展，即开始分子育种技术阶段。国内也紧跟国际步伐，主要研究畜禽遗传育种的分子生物学基础，为我国21世纪畜牧业的发展提供理论基础和先进技术。现在，动物分子育种仍占据着动物育种大部分的领地，并将主导21世纪动物遗传育种的发展趋势。

在我国，动物分子遗传研究虽起步较晚，但发展十分迅速，是近年来动物科学领域中最为活跃和最有活力的生长点。利用动物分子生物学的新技术可以揭示与细胞生长、分裂、代谢、分化和发育等复杂的过程。

（二）分子营养与动物育种相结合

动物的一切代谢活动，包括生长发育和繁殖都是基因表达的结果，而营养基因是基础，运用转基因和基因打靶技术进行动物定向育种为育种的准确性提供了一条切实可行的途径。

生物体包括动物、植物、微生物乃至人类中已经发现的肥胖基因、双肌基因、植酸酶基因及蛋鸡的矮脚基因等和将要发现的一些具有特定性状的基因，通过对动物体以及微生物中基因的研究，利用打靶技术进行动物定向育种为人类疾病动物模型建立和正在起步的人类基因治疗奠定良好的基础，实现动物遗传资源优势的充分利用是未来动物育种的一个重要方向，并将为畜牧生产和人类生活带来不可估量的经济和社会价值。

（三）生物技术大量应用于动物育种

知识更新很快，生物技术发展迅速，虽然某些生物技术还存在一些技术上亟待解决的问题，与实用阶段还有一段距离，但随着研究的不断深入，现代生物技术会不断完善和成熟，新的生物技术还会不断产生。所以，在21世纪，以现代生物技术为核心的分子育种将成为动物育种的总趋势。可以预见，随着分子育种的深入开展，到21世纪势必会使动物育种研究出现一个崭新的局面。采用这些现代生物技术育种，一定会使选种的准确性得到提高，育种的速度得到加快、经济性状的生产性能得到进一步提高，家畜的经济用途变得更加宽广。生物技术、转基因动物技术、胚胎工程技术、动物克隆技术等将大量应用于动物育种，从而促进动物育种的高速发展。

第六章　禽病防治技术

第一节　禽病的种类

一、传染性疾病

（一）病毒病

影响家禽业发展的疾病中，以病毒性疾病造成的损失最为巨大。据国内外流行病学调查结果显示，主要病毒性疾病有新城疫、禽流感、传染性法氏囊病、传染性支气管炎、传染性喉气管炎、马立克氏病、鸡痘、产蛋下降综合征、脑脊髓炎、鸭病毒性肝炎等。

1.新城疫

新城疫是一类传染病，是由新城疫病毒引起的关于禽的一种急性、热性、败血性和高度接触性传染病。以高热、呼吸困难、下痢、神经紊乱、黏膜和浆膜出血为特征，具有很高的发病率和病死率，是危害养禽业的一种主要传染病。

2.禽流感

禽流感是由A型流感病毒引起的家禽和野禽的一种从呼吸病到严重性败血症等有多种症状的综合病症。在世界上许多国家和地区都有发生，给养禽业造成了巨大的经济损失。这种禽流感病毒，主要引起禽类的全身性或者呼吸系统性疾病，鸡、火鸡、鸭和鹌鹑等家禽及野鸟、水禽、海鸟等均可感染，发病情况从急性败血性死亡到无症状带毒等极其多样，主要取决于带病体的抵抗力及其感染病毒的类型及毒力。

3.传染性法氏囊病

传染性法氏囊病为高度接触性感染。病毒通过被污染的环境、饲料、饮水、垫料、粪便、用具、衣物、昆虫等传播，不经过彻底、有效的隔离和采用消毒措施很难控制。

4.传染性支气管炎

传染性支气管炎是由冠状病毒引起的急性、高度接触性传染病。临床上分为呼吸道型和肾病理变化型两种类型。

5.传染性喉气管炎

传染性喉气管炎是由病毒引起的一种急性呼吸道传染病。其特征是呼吸困难，咳出含有血液的渗出物。

6.马立克氏病

马立克氏病，又名神经淋巴瘤病，二类传染病，是鸡的一种淋巴组织增生性疾病，以外周神经、性腺、虹膜、各种内脏器官、肌肉和皮肤的单个或多个组织器官发生单核细胞浸润为特征。本病是由细胞结合性疱疹病毒引起的传染性肿瘤病，导致上述各器官和组织形成肿瘤。病鸡常见消瘦、肢体麻痹，并常有急性死亡。在病原学上可以与鸡的其他淋巴样肿瘤病相区别。

7.鸡痘

鸡痘是鸡的一种急性、接触性传染病，病的特征是在鸡的无毛或少毛的皮肤上发生痘疹，或在口腔、咽喉部黏膜形成纤维素性坏死性假膜。在集体或大型养鸡场易造成流行，可使增重缓慢，消瘦；产蛋鸡受感染时，产蛋量暂时下降，若并发其他传染病、寄生虫病和在卫生条件或营养不良时，可引起较多死亡，对幼龄鸡更易造成严重的影响。

8.产蛋下降综合征

产蛋下降综合征是由禽类腺病毒引起的一种传染病，任何年龄的鸡都易感。鸡感染禽类腺病毒后影响整个产蛋期的生产。

9.脑脊髓炎

鸡传染性脑脊髓炎是一种主要侵害幼鸡的传染病，以共济失调和快速震颤特别是头部震颤为特征。鸡传染性脑脊髓炎很大程度上是一种经蛋传播的疾病。

10.鸭病毒性肝炎

鸭病毒性肝炎病毒Ⅰ型属于小RNA病毒科，呈球形或类球形，无囊膜，无血凝性，可在鸭、鸡、鹅胚尿囊腔增殖。病毒抵抗力强，在自然环境中可较长时间存活。DVH病毒Ⅱ型属于星状病毒，DVH–Ⅲ属于小RNA病毒。DVH病毒3种血清型之间无交叉保护作用。鸭病毒性肝炎病毒与鸭乙型肝炎病毒无任何相关性。

（二）细菌病

细菌病长期影响养禽业的健康发展，每年因细菌感染造成大量的家禽发病死亡，造成巨大的经济损失。通常采取综合防控措施来减少这类疫病的发生和流行。常发生的细菌性疾病有大肠杆菌病、沙门氏菌病、巴氏杆菌病、葡萄球菌病、传染性鼻炎、慢性呼吸道病、坏死性肠炎等。

1.大肠杆菌病

大肠杆菌病，是由一定血清型的致病性大肠杆菌及其毒素引起的一种肠道传染病。

2.沙门氏菌病

沙门氏菌病，又名副伤寒，是各种动物由沙门氏菌属细菌引起的疾病的总称。临诊上多表现为败血症和肠炎，也可使怀孕母畜发生流产。

3.巴氏杆菌病

巴氏杆菌病是由多杀性巴氏杆菌引起的急性、热性传染疾病。动物巴氏杆菌病的急性型常以败血症和出血性炎症为主要特征；慢性型常表现为皮下结缔组织、关节及各脏器的化脓性病灶，并多与其他疾病混合感染或继发。

4.葡萄球菌病

葡萄球菌病是由葡萄球菌属革兰氏阳性球菌引起的化脓性感染。分为致病性金黄色葡萄球菌和条件致病性的表皮葡萄球菌，此外还有腐生葡萄球菌。金葡球菌能产生多种外毒素和酶，故致病性强。

5.传染性鼻炎

传染性鼻炎是由副鸡嗜血杆菌所引起鸡的急性呼吸系统疾病。主要症状为鼻腔与窦发炎，流鼻涕，脸部肿胀和打喷嚏。

6.慢性呼吸道病

慢性呼吸道病是由鸡败血支原体感染引起的鸡和火鸡的一种慢性接触性传

染病，以呼吸困难、眶下窦肿胀为特征。慢性呼吸道病发生后极易爆发其他传染病，如新城疫、传染性鼻炎、传支、传喉、大肠杆菌病等，其中最易继发感染的是大肠杆菌病，因此把这两种病称为"姊妹病"。

7.坏死性肠炎

坏死性肠炎是一种散发病，主要引起鸡和火鸡肠黏膜坏死。本病的病原为C型产气荚膜梭状芽孢杆菌，又称魏氏梭菌。主要症状为突然发病，急性死亡。病禽表现为精神沉郁，眼闭合，无饮食欲，贫血，排红褐色或黑褐色焦油样粪便，或见有脱落的肠黏膜。慢性病鸡生长受阻，排灰白色稀粪，衰竭死亡。

（三）寄生虫病

禽类寄生虫病中，危害最为严重的是球虫病，此外还有鸡绦虫病、鸡蛔虫病、异刺线虫病、组织滴虫病、住白细胞原虫病及螨、虱等多种体表寄生虫。球虫病以集约化的规模场最易暴发。体表寄生虫中皮刺螨的危害最为严重，不仅可以使鸡蛋外观色泽水平下降，还可以引起鸡的严重贫血，皮刺螨还是多种病毒性疾病和细菌性疾病的传播媒介，因贫血造成鸡免疫力下降的同时造成多种传染性疾病的发生。

二、非传染性疾病

非传染性疾病是指不是由病原微生物引起，而是由其他致病因素引起机体发生功能障碍，但不具有传染性的一类疾病，如营养性疾病、代谢性疾病、中毒性疾病、应激性疾病等。

（一）营养缺乏及营养代谢病

包括维生素缺乏症、微量元素缺乏症、蛋白质缺乏症、痛风、脂肪肝综合征、肉鸡猝死综合征、肉鸡腹水综合征等。这里详细介绍肉鸡猝死综合征、肉鸡腹水综合征。

1.肉鸡猝死综合征

鸡猝死综合征又称急性死亡综合征。以生长快速的肉鸡多发，肉种鸡、产蛋鸡也有发生。其病因至今不清楚。初步排除了细菌和病毒感染、化学物质中毒以及硒和维生素E缺乏。肉鸡猝死综合征临床表现为公鸡较母鸡、生长快速的鸡较生长慢的鸡发病率高。一年四季均可发生，无挤压致死和传染流行规律。死亡前无明显症状，突然发病，失去平衡，仰卧或俯卧，翅膀扑动，肌肉痉挛，发出嘎嘎声而死亡。死后出现明显的仰卧姿势，两爪朝天，少数侧卧或俯卧，腿、颈伸展。

2.肉鸡腹水综合征

肉鸡腹水综合征又称肺动脉压综合征、雏鸡水肿病、肉鸡腹水症、心衰综合征和鸡高原海拔病，是以病鸡心、肝等实质器官发生病理变化，明显的腹腔积水、右心室肥大扩张、肺淤血水肿、心肺功能衰竭、肝脏显著肿大为特征的综合征，主要发生于幼龄肉用仔鸡的一种常见病。由于该病的特征性症状——腹水，是在心和肝脏内脏实质器官的病理性病变的基础上发生的，为了能够恰当地反映该病的病理本质，一般将之称为腹水综合征。诱发该病的因素有遗传因素、环境因素、饲料因素等，一般都是机体缺氧而致肺动脉压升高、右心室衰竭，以致体腔内发生腹水和积液。

（1）遗传因素致肉鸡腹水综合征

主要与鸡的品种和年龄有关，由于遗传选育过程中侧重于生长方面，使肉鸡心肺的发育和体重的增长具有先天性的不平衡性，即心脏正常的功能不能完全满足机体代谢的需要，导致相对缺氧。据观察，幼龄快速生长期的肉仔鸡对能量和氧气的需要明显增加，红细胞在肺毛细血管内不能畅流，影响肺部血液灌注，导致肺动脉高压及右心室衰竭，血液回流受阻，血管通透性增强，这可能是该病发生的生理学基础。

（2）环境因素致肉鸡腹水综合征

环境缺氧和因需氧量增加而导致的相对缺氧是诱发该病的主要原因。高海拔地区，空气稀薄，氧分压低，易致慢性缺氧；肉鸡的饲养需要较高的温度，通常寒冷季节为了保温而紧闭门窗或减少通风换气次数，空气流通不畅，换气不足，一氧化碳、二氧化碳、氨气等有害气体和尘埃在鸡舍内积聚，空气污浊，含氧量下降，造成相对缺氧；同时天气寒冷和处于快速生长期，其代谢率升高，需氧量也随之增加，从而加重缺氧程度。在缺氧情况下，呼吸频率加快，肺部功能遭受损害，毛细血管增厚，从而造成血管狭窄，肺血管压力增高，加重心脏负担，使右心肥大、壁薄，血流不畅而致心力衰竭，进一步造成肝及其他脏器的血压升高，导致血压较低的腹血管中的血液回流受阻，向腹腔渗透而形成腹水。

（3）饲料因素致肉鸡腹水综合征

高能量日粮使肉鸡的耗氧量增加，由于消耗过多能量，需氧量增多而导致相对缺氧；喂颗粒饲料的鸡采食量大、生长快、饲料消化率高、需氧增多；高蛋白质或高油脂等饲料造成营养过剩或缺乏；饲喂的菜子饼中芥子酸含量高；钙、磷水平低于0.05%；饲料中食盐含量超过0.37%；其他微量元素和维生素不足以及饲料霉变、霉菌毒素中毒等。

（二）中毒病

包括药物中毒、一氧化碳中毒、真菌毒素中毒等。

药物中毒是指用药剂量超过极量而引起的中毒。误服或服药过量以及药物滥用均可引起药物中毒。常见的致中毒药物有西药、中药和农药。一般处理的原则是去除病因，加速排泄，延缓吸收，采用支持疗法，对症治疗。特殊疗法主要是采取解毒物质，如二巯基丙醇与金属结合成环状络合物解除金属毒性。

一氧化碳中毒大多由于煤炉没有烟囱或烟囱闭塞不通，或因大风吹进烟囱，使煤气逆流入室，或因居室无通气设备所致。冶炼车间通风不好，发动机废气和火药爆炸都含大量一氧化碳。中毒机理是一氧化碳与血红蛋白的亲和力比氧与血红蛋白的亲和力高200~300倍，所以一氧化碳极易与血红蛋白结合，形成碳氧血红蛋白，失去携氧能力，造成窒息。

真菌还能产生有毒的代谢产物——真菌毒素，危害人类和动物的健康，使人和动物发生真菌毒素食物中毒。

第二节　我国禽病流行的主要特点

我国养禽业连续多年持续稳步增长，取得举世瞩目的成就，成为世界养禽大国，但禽病一直以来是困扰我国养禽业的关键问题之一。我国禽病有几十余种，其中传染病占比重较大，造成的经济损失巨大，已成为制约我国养禽业发展的瓶颈。在实际的禽业生产中，禽病发生逐渐趋于早龄：1周内的雏鸡发生典型的新城疫，7日龄的发生法氏囊，20日龄的发生典型鸡痘，30日龄的发生典型传染性喉气管炎，甚至出现肿瘤病等。由此可以看出和得出结论，低龄化的发病是禽病的一个突出特点。

近年来，单一的传染病的发生越来越少见。除一些环境条件好、管理水平高、防疫水平高的种禽企业外，绝大多数商品家禽养殖企业的鸡群发病都混合感染或继发感染。最多见的如新城疫、禽流感发生后，如果对细菌病的防治不及时，会继发或并发大肠杆菌病，造成更大的死亡。发病的复杂化，增加了防控难度。一些坚持长期、定期、定时、定量、定标准，严格实施防疫消毒措施的养殖场，疫病的发生率较低。而防疫消毒流于形式，随意消毒的养殖场，其鸡群发病率明显较高。长此以往，场区环境中的病原积累与日俱增，雏鸡一进场，即被感染，给早期发病和病情复杂化埋下了根源。新的禽病影响较大的主要有：禽流感、鸡传染性贫血、肾病变型和腺胃型传染性支气管炎、禽网状内皮细胞增生病、鹅副黏病毒感染、雏鹅新型病毒性肠炎、番鸭细小病毒病、家禽肾病综合征等。

一、禽病的种类越来越多

禽病的种类越来越多，对养禽业造成危害的疫病已达几十种，而以传染病为最多，我国每年因各类禽病导致的家禽的死亡率很高，经济损失达百亿元。

二、新发病种类增多

我国新近出现的禽病主要有鸡传染性贫血、肾型传染性支气管炎、传染性腺胃炎、番鸭细小病毒病、鸡病毒性关节炎等。

（一）鸡传染性贫血

又名鸡贫血因子病，是由鸡贫血病毒引起的以雏鸡再生障碍性贫血、全身淋巴组织萎缩、皮下和肌肉出血为特征的一种免疫抑制性疾病。又称出血性综合征或贫血性皮炎综合征。鸡传染性贫血病是由鸡传染性贫血病毒引起雏鸡的以再生障碍性贫血和全身性淋巴组织萎缩为特征的一种免疫抑制性疾病，经常合并、继发和加重病毒、细菌和真菌性感染，危害很大。鸡传染性贫血病可能呈世界性分布，由鸡传染性贫血病诱发的疾病已成为一个严重的经济问题，特别是对肉鸡的生产来说。

（二）肾型传染性支气管炎

肾型传染性支气管炎病是由冠状病毒引起的急性、高度接触性呼吸道传染病，对于集约化高密度的养鸡场来说是致命的。本病可通过空气、飞沫、消化道以及被污染的饲料、饮水、用具等传播，在高密度、封闭性饲养环境下，一鸡发病便可波及全群，给养鸡业带来重大经济损失。

（三）传染性腺胃炎

传染性腺胃炎是一种可在不同品种的蛋鸡、肉鸡和火鸡中传播的流行病，以蛋雏鸡、肉雏鸡、青年鸡、817肉杂鸡多发。在夏季高温高湿季节尤为严重，且病程长、死亡率高。在夏季高温高湿季节尤为严重。该病病因复杂，是由一种或几种传染性病原微生物及非传染性因素引起的综合征；消化道和内分泌器官是这些致病因子的靶向器官。

（四）番鸭细小病毒病

本病由细小病毒引起，是雏番鸭的一种急性传染病。病理变化是纤维素性肠炎、胰脏呈点状坏死，以3周龄内的雏番鸭多发，最早是3日龄发病。病鸭张口呼吸、喘气、消瘦、拒食、蹲伏，十二指肠内容物呈松散栓子状，表层有脱落的黏膜附着。发病鸭每羽肌肉注射番鸭二联高免血清1～2毫升，可适当加入氨苄青霉素或庆大霉素等抗菌类药以防继发感染。

（五）鸡病毒性关节炎

鸡病毒性关节炎是一种由呼肠孤病毒引起的鸡的重要传染病。病毒主要侵害关节滑膜、腱鞘和心肌，引起足部关节肿胀，腱鞘发炎，继而使腓肠腱断裂。病鸡关节肿胀、发炎，行动不便，跛行或不愿走动，采食困难，生长停滞。为二类传染病、寄生虫病。

三、病原体出现变异，临床症状非典型化

近年来，在禽病的发生和流行过程中，有些病原体出现了变异，导致临床症状非典型化。抗原结构的变异和血清型多变，使得传统病原血清型及耐药菌株增多，使原有的疫苗预防控制越来越困难。如传染性支气管炎，以前主要流行呼吸型，20世纪90年代出现了嗜肾脏型，近年来又出现了腺胃型，使得疫苗的研究变得越来越困难。如果使用的疫苗与流行株血清型不符，常导致免疫失败。在20世纪70年代，野外毒株主要是强毒，到80年代，一些国家出现了超强毒，而90年代在美国和欧洲又出现了超强毒株，每一次流行毒株毒力的增强，都导致现有疫苗的免疫失败。可见，未来家禽传染病无论在流行上还是致病机制上都会越来越复杂，这对兽医工作者的要求也越来越高。

四、细菌性疾病和细菌耐药性越来越严重

细菌性疾病有大肠杆菌病、鸡白痢沙门氏菌病、鸡慢性呼吸道病、鸡传染性鼻炎等。细菌具有很强的适应性和多变性，不同种属的细菌可以通过转化、转导、接合等多种方式获得耐药基因；抗生素的滥用是导致细菌耐药的直接原因，不通过药敏试验选择高敏药物进行治疗、饲料或饮水中长期添加一种或同一类药物、不按说明剂量长期用药等均可导致病菌耐药；禽只流动加快等可造成细菌耐药性扩散。大肠杆菌病由于污染严重、血清型多、易变异、传播途径多、表现的类型多，已成为当今养鸡业中很棘手的疾病。由于鸡场药物品种少，长时间使用单一抗菌药物，饲料中长期添加低剂量的抗生素添加剂，致使耐药菌株不断出现，治疗效果普遍较差，给集约化鸡场造成较大的经济损失。

五、条件致病性病原引起的疫病增多

条件致病性病原引起的疫病有鸡葡萄球菌病、绿脓杆菌病、肉鸡矮小综合征等，这些疾病以前不被重视，但集约化鸡场饲养密度大、鸡舍潮湿、通风不良等因素，容易引起这些疾病的暴发，特别是环境卫生条件差、防疫水平低的鸡场更易发生。

六、亚临床免疫抑制性疾病的多重感染日趋普遍

常见的免疫抑制性疾病有马立克氏病、传染性法氏囊病、网状内皮组织增生病、传染性贫血、禽白血病等。免疫抑制性病毒感染的危害主要表现为：使病毒性和细菌性感染的症状、病变不典型；对特定疫苗的免疫反应下降或不反应，继发性细菌性感染显著增加。由于对免疫抑制性病毒感染的诊断困难而被忽视，再加上对一些免疫抑制性病毒感染无疫苗预防，更加重了它的危害性。

七、多病因的混合感染增多

集约化养殖的特点决定了禽病发生的复杂性，往往呈现多发性、并发性感染，很少单独发病。大肠杆菌所致的肠道感染与病毒有关；鸡传染性支气管炎病毒、鸡传染性喉气管炎病毒或支原体混合感染，引起呼吸道疾病；传染性法氏囊病与鸡新城疫病毒混合感染等。混合感染后会产生混合的临床症状，这些症状会随各种病原体之间的比例的改变而改变，而很少产生典型的临床症状，给这些疾病的诊断、治疗或根除造成了困难。

八、营养代谢疾病和中毒病增多

导致家禽发生营养代谢性疾病的原因有以下几个：家禽营养摄入不足，长时间投料不足；各种应激性原则，如接种疫苗、过度惊吓等；家禽发生热性疾病、寄生虫病、肿瘤性疾病、慢性传染病，消耗大量营养时，家禽发生消化道疾病，出现消化、吸收、代谢障碍；物质代谢失调；饲养方式改变；营养搭配不合理，如饲喂富含蛋白质和核蛋白的饲料可引起家禽痛风，长期饲喂高能量饲料可引起产蛋禽脂肪肝综合征等。家禽中毒主要因饲料和饮水受霉菌毒素、农药化肥、化工废物等污染所致，另外长期给药不当，也会引起家禽慢性中毒。

九、呼吸道疾病频发

家禽呼吸道疾病可由传染性因素和非传染性因素引发。呼吸道疾病易致各日龄的家禽发生继发感染，导致幼禽生长发育迟缓、拉稀、死亡率增加，成禽产蛋量下降和死亡。禽舍有害气体过多、饲养密度过大、喷雾消毒时雾粒过小、冷空气侵袭等也可导致家禽发生呼吸道疾病。

第三节　禽病的防疫

一、常见免疫接种方法

临床上应根据疫苗的种类、禽品种的不同特性以及饲养方式和饲养量，来选择应用相应的免疫接种方法。在生产实践中，免疫接种的方法有以下几种。

（一）滴鼻点眼法

1.滴鼻点眼法适用范围

常用于弱毒活疫苗的接种，适用于任何鸡龄，尤其是雏鸡新城疫的初次免疫，如鸡新城疫Ⅱ系苗和Ⅳ系苗等。还用于鸡传染性支气管炎弱毒苗H120和H52、鸡传染性喉气管炎弱毒苗、鸡传染性法氏囊病弱毒苗以及雏鹅小鹅瘟弱毒苗的免疫接种。

2.滴鼻点眼法操作方法

将一滴疫苗溶液自1厘米高处，垂直滴入一侧眼睛或鼻孔里，等疫苗扩散到整个角膜或被吸入鼻孔后才可放鸡，否则滴入的疫苗易被甩丢，影响免疫效果。若疫苗停在鼻孔处，可按压对侧鼻孔让其吸进。

3.滴鼻点眼法注意事项

使用厂家配套的稀释液和滴头；配制疫苗时摇动不要太剧烈；疫苗现配现用，2小时内用完；疫苗避免受热和阳光照射，点眼时滴头距离鸡眼1厘米，以防戳伤鸡眼；滴鼻时，用食指封住一侧鼻孔，以便疫苗滴能被快速吸入；滴鼻、点眼时，待疫苗被眼或鼻孔吸收后再放开鸡，如鸡摆头使疫苗滴甩出，应重新点滴；免疫接种后的废弃物应焚毁。

（二）翼膜刺种法

1.翼膜刺种法适用范围

翼膜刺种多用于鸡痘疫苗的接种。

2.翼膜刺种法操作方法

将1 000羽份的疫苗稀释于25毫升的生理盐水中。拉开一侧翅膀，抹开翼翅上的绒毛，刺种者将蘸有疫苗的刺种针或蘸水笔尖从翅膀内侧无血管处的翼膜内对准翼膜用力快速穿透，使针上的凹槽露出翼膜。通过在穿刺部位的皮肤处增殖产生免疫，雏鸡刺种1针，较大的鸡刺种2针即可。

3.翼膜刺种法注意事项

使用时先以稀释液配制并混匀；刺种过程中注意及时添加疫苗，每次刺种前都要充分蘸取疫苗，轻轻展开鸡翅，将刺种针由翼膜内侧向外刺出；刺种针不能接触羽毛，不要污染疫苗瓶和刺种针；免疫后检查接种部位是否有效，在接种后6～8天，接种部位可见到或摸到1～2个谷粒大小的结节，中央有一干痂。若反应灶大且有干酪样物，则表明有污染；若无反应出现，则可能是由于鸡群已有免疫力，或接种方法有误，如无效应重新接种。

（三）饮水免疫法

1.饮水免疫法适用范围

在生产实践中适用于大群家禽和特禽的免疫，尤其是鹌鹑、鹧鸪预防新城疫常采用饮水免疫。常用于鸡新城疫Ⅰ系或Ⅳ系弱毒苗、鸡传染性法氏囊病弱毒苗及鸡球虫疫苗的免疫接种。冬季可适量少用，炎热夏季可多用。

2.饮水免疫法操作方法

将一定量的疫苗放入盛有深井水或凉开水的饮水器中，保持适当的浓度，让鸡自由饮用，吞咽后的疫苗经腭裂、鼻腔、肠道，产生局部免疫及全身免疫。疫苗用量一般应高于其他途径免疫用量的2～3倍，饮水免疫稀释疫苗的用水量应根据鸡的日龄和季节来确定。

操作。开启疫苗瓶盖露出中心胶塞，用无菌注射器抽取5毫升稀释液注入疫苗瓶中，反复摇匀至溶解，吸出注入100～150毫升水中，摇匀备用。按免疫只数计算好饮水量，将稀释好的疫苗倒入，用清洁棒搅拌，使疫苗和水充分混匀。确保稀释后的疫苗溶液在2小时内饮完。

饮水量。1~2周龄，8~10毫升/只；3~4周龄，15~20毫升/只；9~10周龄，20~30毫升/只；7~8周龄，30~40毫升/只；9~10周龄，40~50毫升/只；10~11周龄，50~60毫升/只。

如果观察饮水量不方便，也可以用公式计算饮苗用水量。在气温为15~20℃时，1 000只肉用种鸡的饮苗用水量的计算公式是：小于8周龄时饮苗用水量=8.4×周龄−4；9~22周龄时饮苗用水量=1.4×周龄+51.6。公式中计算出来的数字是1 000只肉用种鸡日饮水量的40%，单位是升。

如果气温高于20℃，饮苗用水量应该比计算量多一点；如果气温低于15℃，饮苗用水量应该比计算量少一点。如果是蛋鸡，因体重轻于肉种鸡，所以饮苗用水量比计算略少一点；如果是肉仔鸡，20℃时饮苗用水量=2.4×日龄+1.2。增减饮苗用水量的原则是控制饮水时间在1~2小时。

3.饮水免疫法注意事项

用于饮水的疫苗必须是高效价的，可在疫苗稀释液中加入免疫增效剂或0.2%~0.5%的脱脂奶粉混合使用。免疫前后3天饲料和饮水中不能加入消毒剂或抗病毒药物，以防引起免疫失败或干扰机体产生免疫力。免疫前视季节和舍温情况限水2~3小时，保持家禽在饮水免疫前有口渴感，确保家禽在30分钟内将疫苗稀释液饮完。为保证家禽饮用后充分吸收，饮水免疫后应停水1~2小时。饮水器要保持清洁干净，没有消毒剂和洗涤剂等化学物质残留，饮水器皿不能是金属容器，可用瓷器和无毒塑料容器，在炎热季节应在清晨或傍晚进行，稀释疫苗的水要保持清洁，不含氯、锌、铜、铁等离子。合理安排饮水器和饮水量，避免饮水量不足、饮水器过少，或禽体强弱争饮而导致饮水不均，影响免疫效果。

（四）肌内注射接种法

1.肌内注射接种法适用范围

肌内注射作用快、吸收较好，优于颈部皮下注射法，而且免疫效果可靠，适用于4周龄以上的禽类。临床上常用于鸡新城疫Ⅰ系疫苗、小鹅瘟弱毒苗、鸭瘟弱毒苗和各种禽类的灭活苗等，以及高免血清和高免卵黄抗体。

注射接种最常用的是胸部肌内注射和外侧腿部肌内注射。

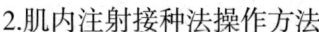

2.肌内注射接种法操作方法

用18号针头，朝身体方向刺入胸部肌肉或外侧腿部肌肉，注意避免刺伤血管、神经和骨头。胸肌注射时从龙骨突出的两侧沿胸骨成30°～45°角刺入，避免与胸部垂直而误入内脏导致鸡死亡。

3.肌内注射接种法注意事项

接种前将油乳剂灭活苗自然放置，升温至舍温后使用，以防冷应激。接种过程中，经常摇匀疫苗，勤换消毒好的针头。油乳剂疫苗如有冻结、破裂、严重分层现象、异物杂质则不能使用。避免刺得过深伤及骨膜，进针太靠前易进入嗉囊，进针太靠后易伤及内脏。胸肌注射部位尽量选择无毛无污染处，减少感染。注射两种油乳剂疫苗时，应避免两种疫苗接种在同一点上。注射免疫时，严格规范操作，防止打"飞针"、注射器漏液、针头过粗或进针角度不正确等导致疫苗根本没有注射进去或注入的疫苗从注射孔流出，造成疫苗注射量不足并导致疫苗污染环境。油乳剂疫苗注射速度要慢，以防针头拔出后疫苗随针孔流出。

（五）颈部皮下注射法

1.颈部皮下注射法适用范围

本方法适用于1日龄雏鸡免疫接种马立克氏病疫苗和马立克氏病多价疫苗以及2～4周龄雏禽免疫接种灭活苗。

2.颈部皮下注射法操作方法

一手食指和拇指分开在鸡头部横向由下而上将皮层挤压到上面提住拉高，不能只拉住羽毛，另一手将针头准确刺进被拉高的两指间的皮层中间，针头水平插入，缓慢注入疫苗。注射正确时可感到疫苗在皮下移动，推注无阻力感。进针位置应在颈部背侧中段以下，针尖不伤及颈部肌肉、骨头，否则易引起肿头或颈部赘生物生长。同时，针体以与头颈部在一条直线为宜，可减少刺穿机会，若针头刺穿皮肤，则有疫苗溶液流出，可看到或触摸到，应补注。

3.颈部皮下注射法注意事项

灭活苗剂量宁多勿少，接种前应调校注射器，杜绝注射器滴漏现象。注射时应不时摇动疫苗，以免分层。疫苗开启后应在24小时内用完。

（六）气雾法

1.气雾法适用范围

气雾免疫适用于规模化、集约化养禽场的大群免疫，尤其适用于大型商品肉用鸡场鸡群的免疫。特别是对于预防新城疫来说，气雾免疫较饮水免疫的效果好，不仅可产生较多的循环抗体，而且可产生局部免疫，有利于抵御自然感染，对有母源抗体的雏鸡来说更具有优越性，常用于鸡新城疫 I 系和Ⅳ系疫苗及传染性支气管炎弱毒苗的免疫。

2.气雾法操作方法

将鸡群赶到较长墙边的一侧，在鸡群顶部30～50厘米处喷雾，边喷边走，至少应往返喷雾2～3遍后才能将疫苗均匀喷完。喷雾后20分钟才能开启门窗，因为一般的喷雾雾粒大约需要20分钟才会全部降落至地面。

3.气雾法注意事项

使用高效价的疫苗，剂量要加倍，用蒸馏水或去离子水稀释疫苗。雾化粒子的大小要适中，雾化粒子太大，由于沉降速度快，疫苗在空气中停留的时间短，疫苗的利用率降低；雾化粒子过小，疫苗在呼吸道内不易着落而被呼出。喷枪喷出的雾滴对于成年鸡直径应在5～10微米，雏鸡以30～50微米为宜。气雾免疫时房舍应密闭，减少空气流动，并应以无直射阳光为宜。喷雾前可用定量的水试喷，掌握好最佳的喷雾速度、喷雾流量和雾化粒子大小。

（七）泄殖腔黏膜擦种

用于鸡传染性喉气管炎强毒苗的接种。接种时提起鸡的两腿，由助手按压鸡腹部使肛门外翻，用去尖毛笔或小棉签蘸取疫苗，涂擦在泄殖腔黏膜上。接种后4～5天泄殖腔黏膜潮红，视为免疫成功。这种强毒苗只能在发病鸡场中对未发病的鸡作应急使用，并且要注意防止散毒。

（八）浸头或浸嘴免疫

浸头或浸嘴免疫主要用于鸡，尤其是雏鸡的免疫接种。接种时，疫苗液会受到先浸鸡嘴中的饲料、黏液等污染，对后浸鸡免疫效果产生影响，应当注意并采取纠正措施。

1.浸头免疫

将鸡头浸入疫苗液中，要保证浸过眼部，经2秒钟后迅速拿出，使鸡的眼、鼻、口中都沾上疫苗，免疫效果较好。1 000羽份疫苗用生理盐水稀释的参考量：0～4周龄雏为500毫升，4周龄以上为1 000毫升。

2.浸嘴免疫

将鸡嘴部浸入疫苗液中，要保证浸过鼻孔，否则达不到免疫效果。1 000羽份疫苗用生理盐水稀释的参考量：0～4周龄雏为250毫升。

（九）胚胎内接种

预防火鸡疱疹病毒病的疫苗在雏鸡接触野毒之前进行免疫接种，而且越早越好，普遍采用的方法是在孵化室内免疫接种1日龄雏鸡。显然，如果孵化室内有马立克氏病野毒存在，雏鸡一出壳就可能被感染，这样再免疫接种其效果就很差了。为了防止这种情况的发生，可以采取给18日龄的鸡胚免疫接种的方法。现在发达国家已普遍采用这种方法，而且发明了专用设备。此法现在也用于新城疫、传染性支气管炎、传染性法氏囊病疫苗的接种。

二、禽常用疫苗的种类

凡是具有良好免疫原性的病原微生物，经繁殖和处理后制成的制品，用以接种动物能产生相应的免疫力者，均称为疫苗，包含细菌性疫苗、病毒性疫苗、寄生虫疫苗三大类。常用的疫苗有弱毒苗和灭活苗。

弱毒苗又称活疫苗，是通过物理、化学和生物方法，使微生物的自然强毒株对原宿主动物丧失致病力或引起亚临床感染，使其保持良好的免疫原性和遗传特性，用以制备的疫苗。此外，也有从自然界筛选的自然毒株，同样有人工育成弱毒株的遗传特性，同样可以制备弱毒苗。

弱毒苗的优点。弱毒冻干苗为低毒力的活的病原微生物，接种后，其病原微生物要在体内复制、增殖进而刺激机体产生抗体。既可以刺激机体的细胞免疫，又可以刺激机体产生体液免疫。刺激机体产生抗体速度快、维持时间短。弱毒苗一般采用真空冻干工艺制作，通常需要冷冻保存，可采用点眼、滴鼻、口服、饮水、注射等多种接种方式。一次免疫接种即可成功，可采取自然感染途径接种，可引起整个免疫应答，产生广谱性免疫及局部和全身性抗体免疫，有利于消除局部野毒、产量高、生产成本低。

灭活苗又称死疫苗，是将细菌或病毒利用物理或化学方法处理，使其丧失感染性或毒性，而保持免疫原性，接种动物后能产生主动免疫的一类生物制品。灭活苗分为组织灭活苗和培养物灭活苗。其特点是：易于保存运输，疫苗稳定，便于制备多价或多联苗。

灭活苗的优点。灭活苗是无毒力的死的病原微生物，无法在体内复制；刺激机体产生细胞免疫的能力较差；刺激机体产生的抗体慢，维持时间长；不需要真空保存，但所使用的佐剂对疫苗免疫效果影响较大；油佐剂灭活苗一般为冷藏保存，只能通过注射免疫；比较安全，不发生全身性副作用，不出现返祖现象，有利于制备多价多联的混合疫苗；制品稳定，受外界条件影响小，有利于运输保存。

（一）禽用弱毒苗的种类

禽常用弱毒苗有新城疫弱毒苗、鸡传染性法氏囊病弱毒苗、马立克氏病冻干苗和传染性支气管炎弱毒苗等。

1.新城疫弱毒苗

常用的新城疫弱毒苗主要有Ⅰ系、Ⅱ系、Ⅲ系、Ⅳ系等。

Ⅰ系：中等毒力；用于加强免疫；抗体生产快，免疫持续时间长。

Ⅱ系：弱毒；适于雏鸡免疫；毒力弱，不良反应小。

Ⅲ系：弱毒；适于雏鸡免疫；毒力弱，不良反应小。

Ⅳ系：弱毒；多用于加强免疫；免疫原性好，抗体效价高，能突破母源抗体，适于7日龄以上的鸡的免疫，在世界上广泛应用。

2.鸡传染性支气管炎弱毒苗

由于鸡传染性支气管炎病毒的血清型众多，按临床表现将常见毒株分为呼吸型、肾型、肠型或腺胃型、生殖型等，呼吸型以M株为主，肾型以C株为主，混合型以荷兰H株为主，即H52和H120两种。

3.鸡传染性法氏囊病弱毒苗

常见鸡传染性法氏囊病弱毒苗的类型与特点如下。

中等偏弱毒力：D87、BVL、LZ、A80；可用于无母源抗体的雏鸡早期免疫。可以避免胃酸的破坏，也可以使大群的抗体整齐，且不损害法氏囊。

中等毒力：LZ、Gt、NF8、LKT、LZD228、BJ836；可供各种有毒原抗体的鸡雏使用；对法氏囊损伤小，产生抗体速度快，抗体水平高。

中等偏强毒力：W2512、V877、NB、MS、228E；可用于肉雏鸡7~14天的首免；突破母源抗体能力强，容易引起法氏囊损伤，引发免疫抑制。

4.马立克氏病弱毒苗

常见马立克氏病弱毒苗的类型与特点如下。

Ⅰ型的鸡马立克氏病弱毒苗有：CV1988/Rispens、814株。

CV1988/Rispens：适用于1日龄雏鸡，具有良好的安全性及免疫原性；不受母源抗体干扰，雏鸡接种14天后可横向传递疫苗弱病毒。

814株：适用于1~3日龄雏鸡，安全稳定，受母源抗体影响小，具有良好的免疫原性。

Ⅱ型的火鸡疱疹病毒弱毒苗有SB/1株和Z4株：适用于1日龄雏鸡，能产生广泛的保护力，但对超强毒株抵抗力不太强，可与血清Ⅲ型疫苗合用，充分抵抗超强毒株。

Ⅲ型的火鸡疱疹病毒弱毒苗有FC-126株：适用于鸡胚或1日龄雏鸡，能使机体产生抗体，该疫苗具有干扰作用，它先于马立克氏病病毒侵入鸡体细胞，能诱发阻止肿瘤形成的抗体，防止肿瘤的形成和发展。

（二）禽用灭活苗的种类

禽用灭活苗根据使用佐剂的不同，分为氢氧化铝苗、蜂胶佐剂苗、油乳剂灭活苗等类型。

1.禽流感灭活苗的种类

（1）H5亚型禽流感灭活苗

禽流感H5N1疫苗类型与特点如下。

①重组禽流感病毒灭活苗（H5N1亚型，Re-4株）。

免疫剂量：2~5周龄鸡，每只0.3毫升；5周龄以上鸡，每只0.5毫升。

特点：H5N1亚型存在变异株的省份。

②重组禽流感病毒灭活苗（H5N1亚型，Re-5株）。

免疫剂量：2~5周龄鸡，每只0.3毫升；5周龄以上鸡，每只0.5毫升；2~5周龄鸭、鹅，每只0.5毫升；5周龄以上鸭，每只1毫升；5周龄以上鹅，每只1.5毫升。免疫后14天产生免疫力。鸡免疫期为6个月；鸭、鹅加强免疫1次，免疫期为4个月。

特点：全国范围使用，是最主要的H5亚型禽流感灭活苗。

（2）H9亚型禽流感灭活苗

不同种类的禽流感H9N2疫苗类型如下。

①禽流感（H9亚型）灭活苗（HL株）。免疫剂量：2~5周龄鸡，每只0.3毫升；5周龄以上鸡，每只0.5毫升。

②禽流感（H9亚型）灭活苗（SS株）。免疫剂量：5~10日龄鸡，每只皮下注射0.25毫升；15日龄以上的鸡，每只肌内注射0.5毫升。免疫后21天产生免疫力，免疫持续期为6个月。

③禽流感灭活疫苗（H9亚型，SD696株）。免疫剂量：2~5周龄鸡，每只0.3毫升；5周龄以上鸡，每只0.5毫升。颈部皮下或胸部肌内注射。

④禽流感灭活苗（H9亚型，F株）。免疫剂量：2~5周龄鸡，每只0.3毫升；5周龄以上鸡，每只0.5毫升；免疫剂量：14日龄以内雏鸡，每只0.2毫升，免疫期为60天；14~60日龄鸡，每只0.3毫升；60日龄以上鸡，每只0.5毫升，免疫期为5个月；母鸡开产前14~21天，每只0.5毫升，可以保护整个产蛋期。胸部肌内或颈部皮下注射。

⑤禽流感灭活苗（H9亚型，LGI株）。免疫剂量：1~2月龄鸡，每只0.3毫升；产蛋鸡在开产前2~3周，每只0.5毫升。颈部皮下或胸部肌内注射。

⑥禽流感灭活苗（H9亚型，Sy株）。免疫剂量：30日龄以下小鸡，每只颈背侧皮下注射0.3毫升；30日龄以上鸡，每只颈背侧皮下或胸肌肌内注射0.5毫升。

2.新城疫灭活苗的种类

市场常见的新城疫灭活苗为鸡新城疫Ⅳ系（LaSota株）灭活苗。

3.传染性支气管炎灭活苗的种类

传染性支气管炎灭活苗主要为属呼吸型的M41株制成的油乳剂灭活苗，且以联苗为主。

4.鸡传染性法氏囊病灭活苗的种类

传染性法氏囊病灭活苗主要有G株、BJQ902株、VNJ0株、CJ801株、X株等，是将病毒在鸡胚成纤维细胞同步培养，辅以白油佐剂，制成灭活苗。不同类型的鸡传染性法氏囊病灭活苗的特点如下。

（1）鸡传染性法氏囊病灭活疫苗（IBDV-G株）

免疫剂量：雏鸡颈部皮下或成鸡胸部肌内注射。10～14日龄雏鸡每只0.3毫升，18～20周龄鸡每只0.5毫升。免疫后14天产生免疫力，免疫期为6个月。种鸡免疫可以通过母源抗体保护14日龄内的雏鸡免受感染。

（2）鸡传染性法氏囊病灭活疫苗（X株）

免疫剂量：颈背侧皮下注射。每只鸡0.5毫升。21日龄左右时小鸡用本品接种1次，130日龄左右加强免疫接种1次。

（3）高力优鸡传染性法氏囊病灭活疫苗（VNJO株）

免疫剂量：1～7日龄雏鸡接种1次，0.15毫升/只，颈背部皮下注射；开产前2～4周接种1次，0.3毫升/只，皮下或肌内注射。

（4）鸡传染性法氏囊病灭活疫苗（CJ-801-BKF株）

免疫剂量：颈背部皮下注射，18～20周龄鸡，每只1.2毫升。

5.产蛋下降综合征灭活苗的种类

产蛋下降综合征病毒AV127株和京911株制成的油乳剂灭活苗应用于产蛋下降综合征的预防。

6.禽脑脊髓炎灭活苗的种类

免疫常以禽脑脊髓炎病毒1143毒株、AEV-NH937株、Van Roekel株制成的油乳剂灭活苗为主。该苗常用于免疫种鸡群，使后代雏鸡获得母源抗体。

7.鸡传染性鼻炎灭活苗的种类

按照Page的凝集实验分型，通常将副鸡嗜血杆菌分为A、B、C三个血清型，每个血清型的灭活菌体之间缺乏交叉免疫保护。我国多用A型单价疫苗和A+C型二价疫苗预防鸡传染性鼻炎。

（三）禽球虫病疫苗

1.活疫苗

球虫病活疫苗是较早使用的预防鸡球虫病的疫苗，市售的球虫病活疫苗主要包括强毒苗和弱毒苗。

（1）强毒苗

球虫病强毒苗是用从野外分离的强毒株研制而成的。制备方法是先直接从自然发病的病鸡体内或粪便中用饱和盐水漂浮法收集球虫混合卵囊，再采用单卵囊分离法分离并增殖各种艾美耳球虫卵囊，并按一定的比例混合，配以适当的稳定剂，即组成强毒活疫苗。鸡在低水平感染强毒苗时不会发病，但球虫卵囊能在鸡体内循环繁殖，并排出新的卵囊于垫料中，鸡从垫料中可获得再次免疫，经过3次生活史循环，即可产生较好的保护性免疫。

（2）弱毒苗

弱毒苗是从鸡的粪便中通过饱和盐水漂浮法收集到卵囊后，采用单卵囊扩增法来纯化卵囊，然后通过减弱虫株的致病性，降低对宿主的危害性，并能产生足够的免疫力的致弱虫株，按一定比例配以适当的稳定剂而组成的一种活疫苗。弱毒苗通过对球虫卵囊鸡胚传代、早熟选育或理化处理，减弱虫株的致病力，因此弱毒苗比强毒苗更安全，表现在：肠道内损伤少；致弱特性稳定，免疫过程中早熟系的子代产量少；首次免疫接种后每轮感染粪便中卵囊产量低；肠道内无性阶段虫体少。

2.核酸疫苗

核酸疫苗又称DNA疫苗，是将外源基因插入真核表达载体上，构建重组质粒并将其直接注射到动物体内。使具有免疫原性的蛋白抗原基因在动物体内直接表达。这种方式表达的蛋白与原核表达的蛋白相比，能够实现正确折叠，更接近其天然构象，可被免疫系统识别，从而达到免疫保护的效果。

国内外的研究者主要针对鸡球虫的虫体折光体蛋白基因、热休克蛋白基因、TA4蛋白基因、微线蛋白基因等核酸疫苗进行研究。

3.亚单位疫苗

亚单位疫苗是指除去不能激发机体免疫反应或对机体有害的成分，利用其具有免疫原性的部分制备的疫苗。利用配子体抗原进行免疫是控制球虫病的一大进步，市售的配子体亚单位疫苗COX-ABIC可使球虫卵囊产量下降50%~80%，可用于球虫病的控制。

4.重组卡介苗

基因重组卡介苗是将外源基因导入BCG中构建的多价疫苗，其可利用BCG的活疫苗特性，诱导长期的体液免疫和细胞免疫，并可高效表达球虫蛋白，使表达的蛋白发挥良好的免疫保护作用，达到更好地预防鸡球虫病的目的。

5.佐剂疫苗

免疫佐剂具有促进机体免疫功能发育成熟的作用，能非特异性增强机体对抗原的特异性免疫应答，还能增强抗原的免疫原性或改变免疫反应类型。免疫佐剂包括油佐剂、细胞因子、中草药提取物、微生物及其产物等几种类型。

三、禽常用免疫程序

在什么时期接种什么样的疫苗，这是养禽场最为关注的问题。目前不存在一个适用于所有养禽场的通用免疫程序，而生搬硬套别人的免疫程序也不一定能获得最佳的免疫效果。

科学的免疫程序是个比较复杂的问题，应由兽医人员根据具体情况拟定，有计划地进行免疫接种。制定免疫程序主要参照三个方面的因素，即禽群各种抗体消长规律、各种疫苗免疫性能和场外传染病流行情况。具体而言，就是要根据本地区或本场疫病流行情况和规律，禽群品种、日龄、病史、饲养管理条件，种禽免疫情况，免疫抗体或母源抗体监测情况，以及疫苗的种类、性质等因素，参考别人已有的成功经验，结合免疫学的基本理论，制定出适合本地或本场特点的科学合理的免疫程序，并视实际情况在生产实践中随时修改、不断完善。

（一）制定免疫程序时应考虑的因素

1.清楚本地疫情

调查清楚有威胁的主要传染病以及饲养本场种苗的外地各处禽病疫情。在制定程序时不是所有疫病的疫苗都要用，而是当地有什么病就应用相应的疫苗，没有这种病就不要用该种病的疫苗。对本地、本场尚未证实发生的疾病，必须证明确实已受到严重威胁时才能计划接种，对强毒型的疫苗更应非常慎重，非不得已不引进使用。

大多数病毒存在不同的血清型，相互之间交叉保护率很低，有的甚至没有，这样对于同一种疫病，根据其血清型的不同就会有多种疫苗。因此，鸡场必须根据本场流行野毒的血清型来选择疫苗。

抗原发生变异，病毒的毒力不断增强。例如，鸡马立克氏病病毒、新城疫病毒、传染性法氏囊病病毒等毒力逐渐增强，毒力增强就需要更好的保护抗体，用常规疫苗进行免疫往往难以产生足够的保护。部分病原体在自然界中还存在强毒株，此时接种常规疫苗就不能有效抵抗强毒株的感染。

2.遗传因素和年龄因素的影响

解决遗传差异，开展遗传育种研究，培养出具有遗传抵抗力的品种或品系，提高禽只自身免疫力。引种时应考虑种禽、种蛋的遗传品质、品系，有无垂直传染病、遗传性疾病等。

一般认为，6周龄前雏鸡的免疫器官尚未发育成熟，对抗原的免疫应答能力很弱。雏鸡的免疫40日龄前主要靠法氏囊的B淋巴细胞产生的体液免疫，40日龄后T淋巴细胞才参与免疫应答，70日龄后免疫器官才发育成熟。当接种疫苗的雏鸡小于10日龄时，不能产生一致或持续的免疫力，甚至没有母源抗体的鸡也是如此。同时，要摸清所养鸡群的用途及饲养期。

3.避免母源抗体的影响

为了利用母源抗体的防病能力，在制定种禽免疫程序时要考虑到后代，在制定雏禽免疫程序时要参照种禽的免疫程序。

首免，要考虑母源抗体的影响，定期对母源抗体水平进行监测，以便制定合理的免疫程序。如无检测条件，可视种禽群免疫接种情况和当地疫情，选择合适的首免日龄，并确定最佳的免疫程序。

一般在新城疫的血凝抑制抗体效价降至1∶24以下时，在雏鸡7~14日龄首免。鸡传染性法氏囊病阳性率（ADP）低于75%时，在雏鸡10~14日龄首免；若传染性法氏囊病阳性率高于80%，则需等其下降至50%以下时，在雏鸡15~21日龄首免。接种后7~14天还应对鸡免疫后产生的抗体进行监测，达不到要求的需再次接种时，要注意间隔一定的时间，因为如果上次主动免疫产生的抗体水平还很高则不能产生良好的应答反应。

4.某些疫苗的联合使用

为了保证免疫效果，疫苗接种最好是单独进行，以便产生强大的免疫力，特别是当地流行最为严重的传染病。不同疫苗进行免疫接种时最好能相隔7~16天，避免互相干扰。

细菌类活疫苗和病毒类活疫苗不要随意同时或混合使用，疫苗厂家生产的此类联苗除外。因为在病毒性活疫苗生产中，为防止环境和操作中细菌、真菌的污染，在培养液中一般都加入了一定浓度的抗菌药物。但对于联苗，则在配制前加入了相应的酶进行预处理。

同一种疫苗先用活苗后用灭活苗，根据毒力不同先弱后强。

5.疫苗的正确选择

（1）选择合格疫苗

选用质量可靠的疫苗是保证免疫效果的前提。疫苗的抗原量决定抗体上升的高度及维持时间，免疫原性决定疫苗对流行株的抵抗力，乳化工艺与疫苗的保存时间及免疫效果有关。疫苗质量问题主要有：疫苗抗原量不足、抗原免疫原性太差、疫苗株与当地流行毒株不相符、疫苗灭活不彻底、灭活剂及佐剂的质量不合格、乳化工艺不合理等。疫苗质量好坏凭感官往往很难判断，所以应到国家批准的正规生产厂家或当地兽医主管部门选购疫苗。购买疫苗时要先看好名称、批准文号、生产日期、包装剂量、生产场址等，要符合相关的规定。

（2）选择真空包装完好的疫苗

免疫接种前要对使用的疫苗逐瓶进行检查，注意瓶子有无破损、封口是否严密、包装是否完整、瓶内是否真空，有一项不合格就不能使用。

（3）选择适合本场的疫苗

新场址、幼龄禽应选用弱毒苗免疫，以免散毒和诱发疫病；在疫病多发区宜用毒力较强的疫苗或用弱毒苗加大剂量进行紧急预防接种，否则效果不佳。不同疫苗免疫期不同。有些疫苗需要获得基础免疫以后接种，这类疫苗称为加强疫苗。

（二）建议免疫程序

1.农业专家建议的一般免疫程序

（1）禽流感H5、H9亚型免疫程序

首免20～30日龄，二免100～120日龄，产蛋高峰后三免。

（2）新城疫免疫程序

首免（7～10日龄）用Ⅳ系或克隆-30进行滴鼻、点眼接种；20日龄左右用Ⅳ系或克隆-30进行肌内注射接种，同时用半剂量（0.25毫升）的新城疫油佐剂灭活苗肌内注射二免；100～120日龄注射0.5毫升新城疫油佐剂灭活苗，同时用活疫苗滴鼻三免；产蛋高峰以后可以用活疫苗或新城疫油佐剂灭活苗予以加强，其免疫力可持续到淘汰。

（3）传染性支气管炎免疫程序

首免，1日龄用H120活苗滴鼻、点眼，1头份/只；二免，10日龄用Lasota+28/86活苗滴鼻、点眼；三免，若抗体达不到要求可在18日龄追加一次M41等活疫苗免疫；四免，50～60日龄可用H52疫苗获得免疫；五免，于产蛋前1个月，用活疫苗和油乳剂灭活苗分点同时进行免疫。

（4）传染性法氏囊病免疫程序

无母源抗体或母源抗体较低的鸡群，首免用弱毒苗在1～3天进行，10天后用中等毒力的活疫苗二免；有较高母源抗体的鸡群选择中等毒力的活疫苗，首免在14～18天进行，10天后二免；产蛋前用传染性法氏囊病油乳剂灭活苗注射三免；若在污染程度较高的地区和鸡场，40～50天应再进行一次免疫。在选择接种途径方面，采用点眼、滴鼻或滴口接种的方法均比采用饮水免疫效果好。对于高代次种鸡群在18～20周龄时进行传染性法氏囊病油乳剂灭活苗注射，同时在产蛋高峰以后还要进行疫苗的免疫，便于提高母源抗体的水平。

（5）禽脑脊髓炎的免疫程序

在10周龄前首免，15周龄以后加强免疫。

2.农业专家推荐的禽免疫程序

（1）种鸡免疫程序

1日龄：预防马立克氏病，火鸡疱疹病毒疫苗2倍量肌内注射。

4日龄：预防传染性支气管炎，注射传染性支气管炎H120（含肾型）活疫苗点眼、滴鼻或饮水。

10日龄：预防新城疫，注射新城疫Ⅱ系、Ⅲ系或N79弱毒活疫苗，点眼、滴鼻或饮水。

18日龄：预防传染性法氏囊病，注射中等毒力弱毒苗，饮水。

25日龄：预防鸡痘，注射鹌鹑化弱毒苗，刺种。

30日龄：预防传染性法氏囊病，注射中等毒力弱毒苗，饮水。

40日龄：预防传染性支气管炎，注射传染性支气管炎H52（含肾型）活疫苗，点眼、滴鼻或饮水。

45日龄：预防新城疫，注射油乳剂灭活苗，肌内或皮下注射。

50日龄：预防传染性喉气管炎，注射弱毒苗，点眼或滴鼻。

120日龄：预防新城疫、产蛋下降综合征，注射新城疫、产蛋下降综合征二联油苗，肌内或皮下注射。

130日龄：预防传染性法氏囊病，注射油乳剂灭活苗，肌内或皮下注射。

（2）商品蛋鸡免疫程序

1日龄：预防马立克氏病，注射火鸡疱疹病毒疫苗，2倍量肌内注射。

5日龄：预防新城疫、传染性支气管炎，注射新城疫Ⅳ系、传染性支气管炎H120（含肾型）二联活疫苗，点眼、滴鼻或饮水。

10日龄：预防新城疫，注射新城疫Ⅱ系、Ⅳ系弱毒疫苗，点眼、滴鼻或饮水；预防禽流感，注射血清型相符的油苗，皮下或肌内注射。

18日龄：预防传染性法氏囊病，注射中等毒力弱毒苗，饮水。

30日龄：预防鸡痘，鹌鹑化弱毒苗，刺种。

37日龄：预防传染性支气管炎，注射传染性支气管炎H52（含肾型）活疫苗，点眼、滴鼻或饮水。

45日龄：预防传染性喉气管炎，注射喉气管炎疫苗，点眼。

45日龄：预防禽流感、副黏病毒病，注射副黏病毒、传染性支气管炎、禽流感三联灭活苗，灭活苗注射。

65日龄：预防传染性喉气管炎，注射弱毒苗，点眼或滴鼻。

100日龄：预防新城疫，注射油乳剂灭活苗，肌内或皮下注射。

120日龄：预防新城疫、产蛋下降综合征，注射新城疫、产蛋下降综合征二联灭活苗，肌内或皮下注射；预防禽流感，注射血清型相符的油苗，肌内或皮下注射；预防传染性支气管炎，注射传染性支气管炎H52活疫苗，点眼、滴鼻或饮水。

130日龄：预防大肠杆菌多价菌苗，注射油乳剂灭活苗，肌内或皮下注射。

（3）商品肉鸡免疫程序

1日龄：预防马立克氏病，注射火鸡疱疹病毒疫苗，2倍量肌内注射。

4日龄：预防传染性支气管炎，注射传染性支气管炎H120（含肾型）活疫苗，点眼、滴鼻或饮水。

4日龄：预防新城疫，注射新城疫Ⅱ系、Ⅳ系或N79弱毒活疫苗，点眼、滴鼻或饮水。

7日龄：预防传染性法氏囊病，注射中等毒力弱毒苗，饮水。

12日龄：预防禽流感，注射血清型相符的油苗，皮下或肌内注射。

14日龄：预防传染性法氏囊病，注射中等毒力弱毒苗，饮水。

25日龄：预防新城疫，注射新城疫Ⅱ系、Ⅳ系或N79弱毒活疫苗，点眼、滴鼻或饮水。

28日龄：预防传染性法氏囊病，注射中等毒力弱毒苗，饮水。

30日龄：预防鸡痘，注射鹌鹑化弱毒苗，刺种。

（4）肉鹅免疫程序

1日龄：预防小鹅瘟，注射小鹅瘟活疫苗，1羽份肌内注射。

3日龄：预防副黏病毒病，注射副黏病毒活疫苗，1羽份肌内注射；或注射副黏病毒油乳剂灭活苗，0.5毫升肌内注射。

12日龄：预防禽流感，注射血清型相符的油苗，皮下或肌内注射。

（5）种鹅免疫程序

1日龄：预防小鹅瘟，注射小鹅瘟活疫苗，1羽份肌内注射。

3日龄：预防副黏病毒病，注射副黏病毒活疫苗，1羽份肌内注射；或注副黏病毒油乳剂灭活苗，0.5毫升肌内注射。

12日龄：预防禽流感，注射血清型相符的油苗，皮下或肌内注射。

30日龄：预防禽霍乱，注射禽霍乱活疫苗，1头份肌内注射。

60日龄：预防大肠杆菌病，注射大肠杆菌多价油乳剂灭活苗，1毫升肌内注射。

80日龄：预防禽霍乱，注射禽霍乱活疫苗，1羽份肌内注射。

90日龄：预防大肠杆菌病，注射禽大肠杆菌多价灭活苗，1羽份肌内注射。

95日龄：预防禽流感，注射血清型相符的油苗，皮下或肌内注射。

100日龄：预防小鹅瘟，注射小鹅瘟油乳剂灭活苗，2毫升肌内注射；预防副黏病毒病，注射小鹅瘟、副黏病毒二联油乳剂灭活苗，2毫升肌内注射。

第四节　禽病的诊断技术

一、剖检技术

家禽尸体剖检技术是运用病理解剖学的知识，通过检查尸体的病理变化，获得诊断疾病的依据。剖检具有方便快速、直接客观等特点，有的疾病根据典型剖检病变，便可确诊。尸体剖检常被用来验证诊断与治疗的正确性，对动物疾病的诊断意义重大。即使在兽医技术和基础理论快速发展的现代，仍没有任何手段能取代动物尸体剖检诊断技术。

病禽尸体剖检是诊断禽病、指导治疗非常重要的手段之一，它便于现场开展并可及时提供防治措施。通过对禽尸体病变的诊查、识别与判断，对单发病或群发性禽病进行确定，为疾病防治提供依据。病禽的剖检方法包括了解病禽或死禽情况、外部检查和内部检查。

（一）问诊了解病禽情况

主要包括禽的品种、性别、日龄、饲养管理状况、饲料、产蛋、发病经过、临床表现及死亡、免疫及用药情况等，考虑一切可能导致发病的原因。

（二）外部检查

检查全身羽毛状态，是否有光泽，有无污染、蓬乱、脱毛等现象；泄殖腔周围羽毛有无粪便沾污，有无脱肛和血便；营养状况及死禽尸体变化；皮肤及脸部有无肿胀和外伤，皮肤有无肿瘤、结节；关节及脚趾有无肿胀或异常；冠和肉髯的颜色、厚度，有无痘症、脓痂；口腔和鼻腔有无分泌物，眼睑是否肿胀，眼结膜有无贫血、充血和分泌物，瞳孔的大小及颜色。最后触摸腹部是否变软或有积液，头、爪部是否有异常和外寄生虫。

如果是活病禽，应检查禽群的精神状况、站立姿势、呼吸动作等。

禽群发病时，并不是每一只禽都会发病，而每一只病禽，通常也不是具有某种特定疾病的全部病变。一般选择症状较严重的、具有共性的、发病时间较长的病禽或死禽来剖检，有助于更好地进行疾病诊断。

（三）内部检查

活病禽先放血致死，即用刀或剪切断动物的颈动脉、颈静脉、前腔动静脉等，使动物因失血过多而死亡。或断颈致死，使第一颈椎与寰椎脱臼，致使脊髓及颈部血管断裂而死，这种方法方便、快捷，多数情况下不需器具，但却可造成喉头和气管上部出血，故病鸡患呼吸道疾病时要注意区别。最好用水或2%～5%的来苏尔溶液将尸体表面及羽毛润湿，防止剖检时有绒毛和尘埃飞扬。同时，尽量多剖检几只禽，进行对比和统计病变分析。

1.皮下检查

尸体仰卧，用力掰开两腿，切开大腿和腹部之间的皮肤，一手压住腿与翅膀，另一手抓住皮肤沿胸骨嵴部由下向上纵行剥离皮肤，腹部皮肤向后翻开；将大腿向外侧转动，使髋关节脱臼，从腿内侧切开皮肤加以剥离，暴露并检查腿内侧肌群与膝关节。同时，观察皮下脂肪含量，皮下血管状况，皮下有无渗出液，腹肌和胸肌有无出血和水肿，胸肌的丰满程度、颜色，胸部和腿部肌肉有无出血和坏死，观察龙骨是否弯曲和变形。

2.检查内脏

在后腹部横行切开，顺切口的两侧分别剪开，后一手压住腿和翅膀向上推，同时另一手抓住胸骨相互配合向上掀开胸骨，暴露体腔。

在不触及的情况下，注意观察各脏器的位置、颜色、浆膜的情况；体腔内有无液体，各脏器之间有无粘连。检查胸、腹气囊是否增厚、混浊，有无渗出物，气囊内有无干酪样团块，团块上有无真菌菌丝。检查肝脏大小、颜色、质地，边缘是否钝圆，形状有无异常，表面有无出血点和出血斑，有无坏死点或大小不等的坏死灶。

在不触及的情况下，先原位检查内脏器官，观察各器官位置有无异常，有条件的进行无菌操作采集病料培养或送检。无菌操作采集病原体培养材料，肠道内容物样品最后收集。

在肝门处剪断血管、肝与心包囊、气囊之间的连接处，一手抓住肝、肌胃、腺胃往下拉，另一手拿剪刀，在连接处剪开，直至将直肠从泄殖腔拉出，在雏鸡的背面可看到腔上囊，小心剪开与其相连的组织，摘取腔上囊。检查腔上囊大小，观察其表面有无出血，然后剪开腔上囊检查黏膜是否肿胀，有无出血，皱襞是否明显，有无渗出物。而后剪断胆管，取出肝脏，纵行切开肝脏，检查肝脏切面及血管情况，肝脏有无变性、坏死点及肿瘤、结节。检查胆囊大小，胆汁多少、颜色、黏稠度及胆囊黏膜状况。

脾脏在腺胃和肌胃交界处右方。检查脾脏大小、颜色，表面有无出血点和坏死点，有无肿瘤、结节；剪断脾动脉，取出脾脏，将其切开，观察脾脏切面及脾髓状况。

剪开腺胃、肌胃，检查腺胃内容物性状、黏膜及腺胃乳头有无充血和出血，胃壁是否增厚、有无肿瘤。观察肌胃浆膜上有无出血，肌胃的硬度，检查内容物及角质膜的情况，再撕去角质膜，检查角质膜下的情况，观察有无出血和溃疡。

从前向后检查十二指肠、小肠、盲肠和直肠，观察各段肠管有无充气和扩张，浆膜血管是否明显，浆膜上有无出血、结节或肿瘤。然后，沿肠系膜附着部剪开肠道，检查各段肠内容物的性状，黏膜有无出血和溃疡，肠壁是否增厚，肠壁上的淋巴集结和盲肠起始部的盲肠扁桃体是否肿胀，有无出血、坏死，盲肠腔中有无出血或土黄色干酪样栓塞物，横向切开栓塞物，观察其断面。

检查卵巢发育情况，卵泡大小、颜色和形态，有无萎缩、坏死和出血，卵巢是否发生肿瘤；剪开输卵管，检查黏膜有无出血及渗出物。产蛋母鸡在泄殖腔右侧，常见一水泡样结构，这是退化的输卵管。公鸡应检查睾丸大小和颜色，观察有无出血、肿瘤，两侧是否一致。

检查肾脏颜色、质地，有无出血及花斑状条纹，肾脏和输卵管有无尿酸盐沉积及其含量。

纵行剪开心包囊，检查心囊液的性状，心包膜是否增厚和混浊；观察心脏外形，纵轴和横轴比例，心外膜是否光滑，有无出血、渗出物、尿酸盐沉积、结节和肿瘤。将进出心脏的动、静脉剪断，取出心脏，检查心冠脂肪有无出血点，心肌有无出血和坏死点，剖开左、右两心室，注意心肌切面的颜色和质地，观察心内膜有无出血。

拉直鸡脖，鸡嘴朝右侧，剪刀伸进口腔，沿上面口角向左侧剪，直至与前面已剪开的皮肤会合。检查胸腺颜色，是否萎缩。再从锁骨孔与胸骨平行剪开，露出肺。观察后鼻孔、腭裂及喉头黏膜有无出血、假膜、痘斑、分泌物堵塞。而后剪开喉头、气管和食道，检查黏膜颜色，黏膜有无充血和水肿、有无假膜和痘斑，气管内有无渗出物、黏液及渗出物性状。

从肋骨间掏出肺脏，检查肺的颜色和质地，有无出血、水肿、炎症、实变、坏死、结节和肿瘤。再从两鼻孔上方横向剪断鼻腔，检查鼻腔和鼻甲骨，挤压两侧鼻孔，观察鼻孔分泌物及其性状。在脊柱的两侧，将肾脏剔除，露出腰荐神经丛，大腿内侧剥离内收肌，找出坐骨神经，观察上述两侧神经粗细、横纹、色彩及光滑度。而后用骨剪剪断大腿骨，观察骨髓的颜色和黏稠性。

3.脑部检查

切开顶部皮肤，剥离皮肤，暴露颅骨，用剪刀在两侧眼眶后缘之间剪断额骨，再从两侧剪开顶骨至枕骨大孔，掀去脑盖，暴露大脑、丘脑及小脑。观察脑膜有无充血、出血，脑组织是否软化、液化和坏死等。

（四）剖检结果的描述、记录

尸体剖检记录是动物死亡报告的主要依据，也是进行综合分析的原始材料。记录内容应全面、客观、详细，包括病变组织的形态、大小、重量、位置、色彩、硬度、性质、切面结构变化等，并尽可能避免采用诊断术语或名词来代替描述病变。有的病变用文字难以表达时，可绘图补充说明，有的可以拍照或将整个器官保存下来。此外，在剖检记录中还应写明病禽品种、日龄、饲喂何种饲料、疫苗使用情况及病禽死前症状等。在描述病变时常采用如下方法：用尺量病变器官的长度、宽度和厚度，以厘米为计量单位。可用实物形容病变的大小和形状，但不要悬殊太大，并采用当地都熟悉的实物，如表示圆形体积时可用小米粒大、豌豆大、核桃大等；表示椭圆时，可用黄豆大、鸽子蛋大等；表示面积时可用针尖、针头大等；表示形状时可用圆形、椭圆形、线状、条状、点状、斑状等。描述病变色泽时，若为混合色，应次色在前，主色在后；也可用实物形容色泽。描述弹性时，常用坚硬、坚实、脆弱、柔软来形容，也可用疏松、致密来描述，或用橡皮样、面团样、胶冻样来表示。

（五）剖检后的无害化处理

剖检工作完成后，要注意把尸体、羽毛、血液等物深埋或焚烧。剖检工具、剖检人员的外露皮肤用消毒液进行消毒，剖检人员的衣服、鞋子也要换洗，以防病原扩散。剖检结果不能孤立地作为诊断依据，必须结合病禽发病情况和外部检查情况，才能做出初步诊断。

进行尸体剖检时应全面观察病变，而不是针对某一种疾病收集证据，任何疾病都要进行全面检查，即使病史已经表明可能是某一种疾病。鸡群一次可能受一种以上的病原侵袭，混合感染的现象是很常见的，所以只有进行全面系统的检查，并做出综合分析，才能找到疾病的真正原因，避免造成误诊或漏诊。

根据初步诊断，积极地指导畜主开展防治工作，密切跟踪了解防治结果，以验证兽医人员做出的剖检初步诊断的正确性，不断地积累剖检诊断经验，提高剖检诊断水平。

二、实验室诊断技术

（一）病料采取

1.采集原则

（1）新鲜、具代表性，且足量

采集死禽样本，夏天在6小时之内完成，冬天在24小时之内完成；采集样品的数量要满足诊断检测的需要，并留有余地，以备必要时复检使用。

（2）减少对病料的污染

在做尸体剖检时，应将尸体浸泡在消毒溶液中，防止羽毛及皮屑飞扬对病料造成污染；病料采集时，对采集病料的器械及容器必须提前消毒，减少器械或盛放病料的容器对病料的污染；剖开腹腔时，第一时间采取病料，减少病料因暴露于空气中而造成的污染。

（3）典型采样

选取未经药物治疗、症状最典型或病变最明显的样品，如有并发症，还应兼顾采样。

（4）合理采样

根据诊断检测的要求，须严格按照规定采集各种足够数量的样品，不同疫病的需检样品不同，应按可能的疫病侧重采样。对未能确定为何种疫病的，应全面采样。

（5）安全采样

保护采样人员，防止病原外泄，防止样品受到污染。

（6）送检采样

样品应尽快送实验室进行检测，延误送检时间，会影响检测质量和结果的可靠性。

2.病料的采集方法

（1）组织和实质器官的采集

剖开腹腔后，必须注意肠管的完整。如需进行细菌的分离培养，要以烧红的手术刀片烫烙脏器表面，使用经火焰灭菌的接种针插入烫烙的部位，提取少量的组织或液体，涂片镜检或接种于培养基培养。

（2）液体病料的采集

采集血液、胆汁、脓肿液、渗出物等液体病料时，应使用灭菌吸管或注射器，经烫烙部位吸取病变组织的液体，将病料注入灭菌的试管中，塞好棉塞送检。

（3）全血的采集方法

用灭菌注射器自鸡的心脏或翅静脉采血2～5毫升，注入灭菌试管中，加入少量的抗凝剂。

（4）血清的采集方法

用灭菌注射器自禽的心脏或翅静脉采血2毫升，注入灭菌的1.5毫升离心管中摆成斜面，待血液凝固血清析出后，将血清吸出注入另一个灭菌试管中，备用。

（5）肠道及肠内容物的采集方法

选择病变明显部位，将内容物弃掉，用灭菌生理盐水冲洗干净，然后将病料放入灭菌的30%甘油盐水缓冲液中送检。亦可将肠管切开，用灭菌生理盐水冲洗干净，然后用烧红的手术刀片烫烙黏膜表面，将接种针插入黏膜层，取少量病料接种于培养基上。采集肠内容物则需用烧红的手术刀片烫烙肠道浆膜层，将接种针插入肠道内，吸取少量肠内容物，放入试管中，或将带有肠内容物的肠道两端扎紧，去掉其他部分送检。

（6）皮肤及羽毛的采集

皮肤要选病变明显部分的边缘，采取少许放入灭菌的试管中送检；羽毛也要选病变明显部分，用灭菌的刀片刮取羽毛及根部皮屑少许，放入灭菌的试管中送检；采集孵化室的绒毛需用灭菌镊子采取出雏机出风口的绒毛3～5克，放入灭菌的试管中送检。

3.病料的保存和处理

采集的样品应一种样品使用一个容器，立即密封，防止样品损坏、污染和外泄等意外的发生。装样品的容器应贴上标签，标签要防止因冻结而脱落，标签标明采集的时间、地点、号码和样品名称，并附上发病、死亡等相关资料，尽快送实验室。根据样品的性状和检验要求的不同，做暂时的冷藏、冷冻处理或其他处理。病料采集后，应先存放于冰箱中1～2小时后，再做微生物检验。

（二）病原的分离培养和鉴定

用人工培养的方法，将病料中的病原分离出来，是诊断禽病最确切的依据之一。通过细菌分离培养，选出可疑病原菌，再通过生化试验、血清学诊断和动物接种等方法做出鉴定。

1.病原菌的分离培养

根据采集病料的种类不同，采取不同的方法分离纯培养物。如果病料是病变组织，又是用无菌方法采集的，可将病料直接涂抹在固体培养基平皿上，或用铂耳环钩取少许组织，画线接种于琼脂平面上，生长后，如果细菌形态是一致的，则任选几个菌落移植于琼脂斜面上进行鉴定。如果菌落形态不一致，则应在每种菌落中任选1～2个，移植于琼脂斜面上分别鉴定。如果杂菌太多可采用其他方法进行纯培养。如果病料是粪便、呼吸道分泌物等，污染杂菌较多，则根据分离的病原菌特性，采取一些对病原菌无害，但对杂菌有杀灭作用的方法，事先处理材料，以除去杂菌，然后接种培养基，或在培养基中加入一些不妨碍病原菌生长，但对杂菌有抑制作用的抑菌药物，以得到纯的培养物。如果从肠道内容物或从被不产生芽泡的杂菌污染的培养物中分离能形成芽泡的细菌，可将材料或培养物在80℃加热15分钟。在此温度下不形成芽泡的杂菌将被杀死，形成芽泡的细菌仍可以耐过。取此材料接种培养基，即获得纯培养物。有些污染杂菌的病料和培养物，可以通过易感动物排除杂菌，从而得到病原菌纯培养物。

（1）画线分离培养法

平板画线培养法常用的有连续画线法和分区画线法，其目的都是使被检材料适当稀释，以求获得独立单个存在的菌落，防止发育成菌苔，以致不易鉴别其菌落性状。画线培养的方法是左手持皿，用其左手拇指、食指及中指将皿盖揭成20°左右的角度，右手持接种环，在火焰上灭菌，将材料少许涂布于培养基边缘，然后将接种环上多余的材料在火焰上烧毁，待接种环冷却后，再与涂材料处轻轻接触，进行画线。画线后置于37℃恒温箱内，24小时后观察菌落生长情况。画线时先将接种环稍稍弯曲，这样易与平皿内的琼脂面平行，不致划破培养基。画线中不宜过多地重复旧线，以免形成菌苔。

（2）斜面培养基分离培养法

本法主要用于纯菌的移植，某些鉴别用斜面培养基的接种。

从分离的平皿培养基上，选取可疑菌落移植到斜面培养基上进行纯菌繁殖。其方法是，右手持接种环，接种环烧灼灭菌，左手打开平皿盖，用接种环挑取所需菌落，然后左手盖上平皿盖，立即取斜面管，将试管底部放在大拇指、食指和中指之间，以右手小指拔去试管棉塞，然后将接种环伸入试管，勿碰及斜面和管壁，直达斜面底部，从斜面底部开始在培养基上画线，向上至斜面顶端为止。管口通过火焰灭菌，再将小指夹持的棉塞塞好。接种完毕，将接种环在火焰上烧灼灭菌后放下，在斜面管壁上注明日期，置于37℃培养箱中。

从菌种管移种于斜面培养基时，将两支试管置于左手拇指、食指和中指间，转动两管棉塞，以便接种时容易拔取。使两管口对齐，管身略倾斜，管口靠近酒精灯火焰但不要接触火焰。右手持接种环，在火焰上灭菌后，用右手小指与无名指分别拔去两管棉塞，并将管口进行火焰灭菌。将接种环伸入菌种管内，先在无菌生长的琼脂上接触使其冷却，再挑取菌落后拔出接种环立即伸入另一管斜面培养基上，画线方法同前述。用火焰略烧一下管口再将棉塞塞好。接种环经火焰灭菌后放下，在接种的斜面管上注明日期、菌名后，置于培养箱内，在37℃条件下培养一定时间后，观察细菌生长情况。

（3）液体培养基分离培养法

方法与斜面培养基接种基本相同。不同的是挑取菌苔后，接种在液体培养基管中，不用画线方式接种，而是将接种环上的菌苔轻轻摩擦在液面部管壁上即可。

（4）半固体培养基穿刺分离培养法

方法基本与斜面培养基接种相同。用接种环挑取菌苔后，垂直刺入培养基内，从培养基表面一直刺入管底，然后按原方向垂直退出即可。

（5）平板倾注培养法

一般用于病料细菌量的测定。将被检样做10倍递增稀释，通常做1：（10~10^6）稀释，然后以灭菌吸管取各级稀释液1毫升，置于灭菌平皿中，立即加注已溶化并冷却至50℃左右的营养琼脂培养基，待凝固后置于37℃培养24~48小时，供计数用。

（6）特殊培养基分离法

供分离用的特殊培养基，一般为在培养基中加入适量化学药品、抗生素或染料等，来抑制非目的杂菌的生长，而提高目的菌的检出率。

抑菌作用。有些药品对某些细菌有极强的抑制作用，而对另一些细菌则没有抑制作用，故可利用此种特性进行细菌分离。染料的抑菌作用有选择性，故某些培养基中选用某些染料作为特殊成分。亚硒酸钠用于肠道致病菌的分离，因其对大肠杆菌的生长有抑制作用，故能提高粪便和大肠杆菌污染较大的检材的肠道致病菌的检出率。胆盐对革兰氏阳性菌有抑制力，而与柠檬酸钠共用也可抑制大肠杆菌的生长，故肠道致病菌分离的培养基也常用。叠氮酸钠可抑制革兰氏阴性菌，尤其是变形杆菌的生长，在每100毫升的培养基中加入1%的叠氮酸钠水溶液2毫升即可。

杀菌作用。将病料如结核病病料加入15%的硫酸溶液处理，其他杂菌皆被杀死，结核菌因具有抗酸性而存活。

鉴别作用。根据细菌对某种糖的分解能力，通过培养基中指示剂的变化来鉴别某种细菌。

（7）通过实验动物分离法

当分离某种病原菌时，可将被检材料注射于感受性强的实验动物体内，如将结核菌材料注射于豚鼠体内，杂菌不能发育，而豚鼠最终必患慢性结核病而死。实验动物死亡后，取心血或脏器用于分离细菌，有时甚至可得到纯培养。

2.病原菌的鉴定

通过分离培养得到的病原菌需要进行鉴定，以查明是哪一种细菌。鉴定的方法包括形态学观察、生化特性试验和血清学试验。

（1）形态学观察

不同病原菌在各种培养基上的生长特点是不同的，菌体形态和染色反应也不完全一致。这些特点对于细菌鉴别很有帮助，应仔细观察。

①菌落的形态观察。注意菌落大小是否均匀一致，是否呈沙粒状，表面是光滑湿润还是干燥无光泽或呈皱纹状，边缘是整齐还是不规则，菌落是隆起、扁平还是呈乳头样，是透明还是半透明或不透明，呈什么颜色等；在半固体培养基上细菌是沿着接种线生长，还是呈均匀浑浊生长，或是呈毛刷样生长，上下是否生长一致等；在特定的选择培养基上是否生长，长出的菌落是否与预期的病原菌相似，在血琼脂培养基上生长是否溶血，溶血环的特点如何等。

②细菌的形态观察。通过抹片、染色和镜检，观察细菌的形态、大小和排列规律，是否产生芽孢、芽孢的位置如何，能不能运动，有无荚膜，细菌染色反应如何。细菌染色对细菌形态学观察有着非常重要的作用，细菌菌体小而透明，详细观察活体形态很不容易，通过染色，形态特点才清晰可见。此外，各种细菌对不同染料的亲和力不同，可以用鉴别染色的方法识别某些细菌，这对于细菌分类很有帮助。

（2）生化特性试验

细菌分解营养物质时产生各种各样的代谢产物。细菌不同，产生的代谢产物也不同，用化学方法检查某些代谢产物的存在，可以鉴别和确定某种病原菌。形态特征相近的菌种，仅凭形态学检查是不容易鉴别的，但通过检查它们的代谢产物就可以把它们区别开来。生化特性试验是鉴别细菌必不可少的方法之一。

（三）病料的涂片、染色和镜检

1.涂片镜检

用病料涂片，不经染色，直接镜检，可用于曲霉菌病、球虫病和其他寄生虫病的诊断。诊断曲霉菌病时，直接取肺和气囊上的结节，置于载玻片上，用另一载玻片将结节压碎后抹片，可以直接在低倍镜下观察有无菌丝和孢子；诊断球虫病时，刮取带血的肠内容物少许，置于载玻片上，涂一薄层，加一滴干净水，于低倍镜下观察有无卵囊和裂殖体；诊断隐孢子虫病时，可以直接取呼吸道、法氏囊等内容物抹片，镜检可见到大量的隐孢子虫虫体。

2.涂片染色镜检

通过用病料涂片、染色和镜检，可以对细菌性疾病做出初步诊断，如鸡霍乱、葡萄球菌病等。用经消毒的剪刀取一小块病理组织，在洁净的载玻片上轻触一下制成触片，或轻抹一下制成抹片，晾干后，在酒精灯火焰上来回通过3～4次，进行固定，然后经美蓝或瑞氏染液染色，在油镜下观察。如见到大量两极浓染的短杆菌，则为鸡霍乱；如见到大量成堆的球菌，则为葡萄球菌病。

3.常用的染色方法及染液配制

常用的细菌染色方法主要有两种类型：一是简单染色法，即只用一种染料进行染色的方法；二是复染色法，即用2种或2种以上染料或再加媒染剂进行染色的方法。染色时，有些是将染料分别先后使用，有些则同时混合使用，染色后不同的细菌和物体，或者细菌构造的不同部分可以呈现不同的颜色，有鉴别细菌的作用，又可称为鉴别染色。

（四）血清学检测诊断技术

血清学检测通常指利用抗原可与相应的抗体特异性结合的特性，利用已知的抗原来检查血清或其他样品中是否含有相应抗体的检测方法。该技术已在兽医学上得到了广泛应用，在畜禽养殖生产上常用直接琼脂扩散试验、凝集试验、酶联免疫吸附试验等检测方法。

结束语

当前，我国的农业栽培技术仍有很大的发展空间，在现有的基质栽培技术、水培技术、气雾栽培技术、设施蔬菜栽培技术、水果高产栽培技术的基础上，有望结合当下的产业发展做出进一步改良。在掌握农业栽培技术的同时，掌握科学的施肥技术尤为重要，因而，水肥一体化推进了农业栽培的发展。为发展畜牧养殖业，了解和改进畜牧养殖技术尤为重要。针对动物养殖环境与卫生保健条件，把握畜牧养殖的健康科学发展、研究动物生长发育规律、学习禽病防治技术来养殖特种经济动物，对于我国的畜牧业发展具有重要意义。农业栽培与畜牧养殖技术是我国农业科学发展的重要组成部分。对农业栽培与畜牧养殖技术的有效掌握，对从事农业、畜牧业相关工作的人员有着重要的实际意义。

参考文献

[1] 付茂忠.科学养殖肉牛[M].成都：四川科学技术出版社，2018.

[2] 成广仁.世纪之交话畜牧[M].济南：山东科学技术出版社，2001.

[3] 陈梦林，韦永梅.竹鼠养殖技术[M].南宁：广西科学技术出版社，1998.

[4] 何明贵.农业技术基础[M].武汉：湖北科学技术出版社，2004.

[5] 章寿朝，张维芬.特色农业技术实用指南[M].杭州：浙江科学技术出版社，
    2006.

[6] 杨春鹏.农业实用技术问答[M].北京：中国农业大学出版社，2014.

[7] 张加正.效益农业实用新技术[M].杭州：浙江科学技术出版社，2006.

[8] 柴兰高，于忠.山东农业百项实用技术[M].济南：山东人民出版社，2006.

[9] 田东良.实用农业技术手册[M].石家庄：河北科学技术出版社，2013.

[10] 李会平，苏筱雨，王晓红.果树栽培与病虫害防治[M].北京：北京理工大学出
     版社，2013.

[11] 徐义流.玉米裹包青贮技术[M].合肥：安徽科学技术出版社，2022.

[12] 伍均锋.农村实用新技术与农业政策[M].天津：天津科学技术出版社，2006.

[13] 洪绂曾，李可心.高新农业应用技术[M].北京：中国农业出版社，1999.

[14] 左剑祥.种植养殖诀窍600例[M].北京：中国林业出版社，1994.

[15] 马玉文.农业实用新技术[M].石家庄：河北科学技术出版社，2006.

[16] 王东卫.畜牧养殖饲料配制技术[M].北京：中国农业出版社，2001.

[17] 高敏，杨金宝，范增锋.农业技术推广与畜牧养殖[M].北京：北京工业大学出
     版社，2018.

[18] 李文华，王新颖，王春红.草原畜牧养殖与兽医技术[M].天津：天津科学技术
     出版社，2017.

[19] 王定国，王博.中等职业教育畜牧兽医类专业教材生态生猪养殖技术[M].北京：中国轻工业出版社，2022.

[20] 蔡兴芳，邓希海，刘军.高等职业教育十四五规划畜牧兽医宠物大类新形态纸数融合教材特种经济动物养殖技术[M].武汉：华中科技大学出版社，2022.

[21] 李小平.水产畜牧实用养殖技术[M].广州：广东经济出版社，2003.

[22] 李庆东，邢保平，曾萍.兽医临床诊疗与畜牧养殖技术[M].昆明：云南科技出版社，2018.

[23] 安利民，张军，李效振.畜牧养殖技术与疫病防控[M].昆明：云南科技出版社，2018.

[24] 夏飚.干撒式生态发酵床畜牧养殖新技术[M].北京：金盾出版社，2015.

[25] 张荣武，柴春丽，张梅.畜牧养殖技术与疫病防治[M].北京：现代出版社，2016.

[26] 施纪明.名优特畜牧养殖技术[M].武汉：武汉出版社，2005.

[27] 张永康.畜牧养殖与兽医防治知识手册[M].昆明：云南科技出版社，2022.

[28] 刘喜雨，郭向周，韩志茶.绿色生态养殖技术[M].昆明：云南大学出版社，2020.

[29] 杨世忠，王林杰，林代俊.美姑山羊科学养殖技术[M].成都：四川科学技术出版社，2018.

[30] 张军.畜禽养殖与疫病防控[M].北京：中国农业大学出版社，2019.